女儿的早餐

英珂 著 / 苏暖 摄 / Yuna 绘

電子工業出版社·
Publishing House of Electronics Industry
北京·BEIJING

Yuna的序

上高中的时候，因为自己太爱赖床，每天早上坐到餐桌前时就只剩下8~10分钟吃早饭的时间。现在回想起来，我真是傻。妈妈细心准备的营养超级丰富的早餐，就被我那样呼噜呼噜地飞速吃完，我也太不知好歹了。但是你要是批评当时的我的话，我可能还是会匆匆忙忙地度过每天早上吧，因为人就是这样欠在屁股上踢一脚。

我去国外上大学后还是很爱赖床，由于宿舍里没有厨房，我每天的早餐也就是一片涂了果酱的面包和一杯牛奶。我每天都会给爸爸妈妈发我吃的东西，但是每次发我极其简陋的早餐时，我都感到很内疚，他们不是这样教育我的呀，吃健康又好吃的食物对我们家来说是多么重要的事。

这本书原先是妈妈在我18岁生日的时候送给我的生日礼物。自然地，上大学的时候我把它也一起带走了。我一向都把它放在我的床头柜上，想家的时候我就翻一翻个别章节，笑一会儿，然后睡觉。有一天，我就像开窍了似的，可能是妈妈在书里放了什么魔咒，我去超市买了很多可以不用炉灶就能制作的食材，试着做了很多种三明治（这也是我迷上吃芝麻菜的开始），结果每一种都非常好吃！虽然我是到大学之后才自己给自己在屁股上踢了一脚的，但是对于现在的我来说，难度不大的菜基本上都会做了，而且咖啡冲得也不错。

虽然我不爱表达，但是我很感激我的爸爸妈妈，在我还是小宝宝的时候就把各种有营养的食材捣成泥给我吃。遇到了他们，我和我的味蕾们是如此幸福。

Yuna Akabane

yunakabane.com

苏暖的序

为这本书拍摄食谱的时候，我正处于每天变着花样儿给小人儿做辅食的焦头烂额之中，因为在这之前我基本上只是个把粥煮成饭、把饭煮成粥的人，而现在，我已经可以让他吃上营养均衡的一日三餐了！借着这个拍摄的机会，我更是窥得了怎样可以达到每天摄取十五种以上食物的"捷径"！

从镜头里看着那双做菜时灵巧轻快的手，似乎几下就做好了一道菜或是一碗面，心下叹道，这并不是魔法！真正热爱着做饭这件事，二十几年如一日地下厨，不断试错，做出最快捷最好吃的食谱，最终在家人的味蕾里种下"家的味道"，这是爱，而爱更胜魔法。

这本用香味诱着人的书，还是我育儿路上的一盏明灯。说来也巧，几年前第一次看到初稿，翻开就停不下来了，一气儿读到凌晨直到看完，想着我要是有孩子，也希望能这样对待他、伴他成长……谁知没过多久我便怀孕了。

现在这个小人儿已经和我们一起吃饭了，而且家里还有着一位很擅长料理的爸爸，但我还是每天早起给他做不同样式的早餐，大半都是从这本书里获得的动力。毕竟我可是见过从这位妈妈手中成长出来的孩子呀，她可真是让人喜欢!

苏 暖

目录

013 亲爱的女儿，你是这么长大的

014 出生

030 记住陪着你成长的几个人

046 关于圣诞节的记忆

050 幼儿园的日子

054 你上学了

058 六一儿童节

061 爸爸的眼泪

066 转世

072 重奖之下必有勇女

076 领导干部

082 找老师谈话

085 为自己而学习

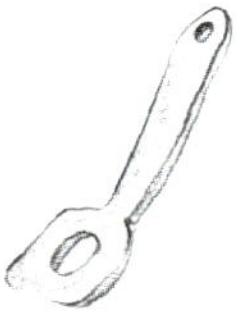

088　跟同学老师告别

094　崭露头角

098　女儿初长成了

102　International Day

104　小花

110　国际比赛归来1（Yuna 的作文）

116　国际比赛归来2（妈妈的作文）

126　"一生悬命"和"披荆斩棘"

135　**还是要好好吃早餐**

136　做饭和吃饭是家人之间最好的交流

138　中西式和日式的早餐

140　剩饭和杂粮也能成为很好的早餐

146　关于"朝活"

151 几款便于操作的早餐食谱

152 葱油丁香鱼

154 牛油果丁香鱼盖饭

155 味噌汤

156 梅干紫菜酱

158 杂菌酱

161 饭团

162 三明治

164 自制番茄酱

166 吐司比萨

168 腌制三文鱼

170 萝卜泥鸡蛋饼

172 烫面素菜馅饼

174 后记

178 为此次出版而写的追记

亲爱的女儿，
你是这么长大的

真正想写这本书是在你的中学毕业典礼上。

有那么一个场景，学校安排家长坐在由很多大圆桌组成的礼堂里，大门打开，孩子们一个个排着队款款地走进来，我一眼就看到了穿着白色的礼服脸上挂着紧张的微笑走进礼堂的你。那一刻，在我眼里，你一下子就长大了。其实也不过才14岁，怎么那么高大呢，高大得让我仰视。于是我从你14岁的时候开始写，每天写一点儿，连同我在你小时候写的日志，就这样一直写到了18岁。就算是送给你的一份成人礼吧，让你带着这个礼物远走他乡异国去开始自己新的人生，一个没有了父母的温床和护翼，充满了挑战和新奇未知的人生。如果遇到了艰难和困惑，就打开它回头看一眼自己一路走来的从小到大的脚印，然后再重新出发。你觉得呢？

出生

你是 1997 年 5 月 21 日下午 2：05 出生的。

你出生在北京妇产医院，比预产期早了整整10天。1997 年那会儿，北京妇产医院还在中国美术馆附近的骑河楼。这家医院创立于 1956 年，是新中国成立以后创建的最早的妇产医院。

我因为生你而离开了学习、生活、工作了近10年的东京，在怀孕 8 个月的时候回到了北京。

我自从怀孕以后基本上没有妊娠反应，也因此没有耽误过一天工作。那时候我跟你爸住在东京郊区埼玉县户田市一套两室一厅的小公寓里。我在 NHK 电视台担任一个周播节目的执行制片人，你爸也在一家电视制作公司做制片人。我们有稳定的中等偏上的收入，基本上过的是衣食无忧的生活。我们在更乡下的地方还有一栋小别墅，到了周末我们常常在下班后坐电车赶回去，因为是很乡下的地方，所以经常是等我们到达车站的时候，检票员都已经下班回家了。日本的城乡差别也是很大的，电车开出去一个小时，新宿、涩谷一带的喧嚣繁华，就仿佛是梦幻般的了。

刚怀孕的时候，由于我实在没有妊娠反应，常常怀疑自己是不是真的怀孕了，我想象着那些在电影或电视剧里曾经看到过的镜头，那些孕妇的情形，她们会说，一怀孕这个不想吃，那个也见不得，一看见就要吐，早上起来最难受，要趴在洗脸池边干呕半天……但是我看见什么吃的都有食欲，故意趴在马桶边上也丝毫没有要吐的感觉。我去找我的主治医生加藤先生，问他，我肚子里到底有没有孩子啊？他是这么解释的：这说明你跟这个孩子的相适度很高。什么叫相适度？就是说她跟你很融合、很亲密，毫无排斥，所以你用不着为没有妊娠反应而担心。他还指着超声显示屏给我看，并放大了测心音的仪器给我听。我听到你的小心脏呼呼呼地跳得那么有劲儿，我明白了，你跟我是贴贴切切密不可分的。又过了些日子，有一天加藤医生给我做例行检查，做B超的时候我问他，能看出性别了吗？加藤医生说，能了，想知道吗？我说想知道，当然想知道！他仔细地看了看，很有把握地说："嗯，没看到'把儿'，应该是个女孩子。"就像我期盼的那样，还真是一件"小棉袄儿"。我不知道你爸当初对生男生女有没有期望，我也没问过他，反正我很愿意就是了。

1996年夏天，刚刚知道自己怀孕后我还出差去了香港，11月时我们还冒雨做了秋天的现场直播节目。整整一天我都在雨里跑来跑去，因为我平时就喜欢穿肥大的衣服，所以身边的同事们没人意识到我怀孕了。我也没告诉他们，因为我心里有数，你一定会安然无恙的。

你降临的那天，凌晨3点多我起床上厕所，有种细水流不绝的感觉，我马上意识到这大概就是人们常说的"破水"。虽然是头一回生孩子，但这个时候我一点都没慌乱，我叫醒了你爸，跟他说"我破水了，你穿上衣服到楼下叫好出租车等着，我慢慢地往楼下挪，然后咱们上医院。"他说好，然后就慌慌张张地穿上衣服出门了。我挪到楼下的时候他和出租车已经等在那儿了，后车门开着，我托着肚子慢慢地挤进了车里。

凌晨的路上没车，10分钟后我们就到了医院。我躺在急诊室的椅子上，你爸就去挂号了，一会儿他哆哆嗦嗦地回来说，让交5000块钱才能住院，可我们当时身上没有 5000 块钱，因为你来得太突然了，整整提前了十天，很多事情都还没来得及准备呢！久经交涉后我们才终于算是办完了住院手续，住进了医院。

我被推到产科病房以后，继续躺着。等到8点大夫们上班，她们例行公事地先开会，不紧不慢地按部就班着，然后才陆陆续续地有人过来对我问这问那，有人开了单子让我去做 B 超，有人开了单子让我去听心音，还有人开了单子让我去验血。我接过那些单子团了团全扔了，跟她们说，赶紧给我打催产素，化什么验 B 什么超哇，白天不是刚例行检查完吗？没看见纪录吗？没查病历吗？我这儿都破水了，走得了路吗？一会儿水没了怎么办呐？大夫们看我这么"横"，不知道这个人什么来路，也蒙了，手忙脚乱地小声说那算了吧，甭跟她较劲了，赶紧给她打催产素吧。她们说当时 33 岁的我算高危产妇，递给我一张写着大出血、手术、死亡等字眼儿的纸让我签字。我回头跟陪我来的表姐说你赶快签字我肯定死不了，亏得我表姐也是大夫，多少了解医院的规矩，就代表家属在上面签了字。

哦，对了，你出生的 21 号那天，你爸早就定下拍摄工作，所以他那天一早的飞机要去南京拍我们已经拍了三年的南京小野田水泥厂建设的纪录片。早定下的计划不能改变，所以他把我安顿好以后就奔向了机场。

9 点，医生和护士终于办完了所有的手续，给我打了催产素，把我推进了待产室，里边已经躺着两个孕妇了，说是已经躺了一天了还没动静。临近中午我开始阵痛了，一阵一阵的，由轻到重，间隔由长到短。阵痛来的时候那是真疼呀，别提多疼了，就是疼，疼一会儿又下去了，然后一会儿又来了。我记得我一直在重复："来啦来啦""噢，走了走了"，一遍又一遍。中午，看护我的护士去食堂打饭打回了几个韭菜馅包子，她一边喝着开水一边嚼着，韭菜味儿夹杂着她的咀嚼声把我烦透了，我跟她说你能不能出去吃啊，我这儿难受着呢，听见你嚼东西更心烦。她还真出去吃了，白了我一眼没说什么。再后来阵痛更频繁了，我估计是你正往外"蹭"呢！那女护士看我这样，就说："你使劲，使劲生得快。"我就拼命使劲，她又说："让你使劲你往哪儿使呢，全使脖子上啦，看你脖子粗的。"这下把我说急了，我也顾不上阵痛了，指着她说："你也是女的也生过孩子吧，怎么一点同情心都没有呢"。她看我急了，就开始缓和，"行了行了，这不告诉你怎么使劲呢吗！"就这么会儿工夫，她走过来看了看说："行了，露头了，往里推吧"，就从别处又叫了两个人过来把我抬到手术床上推进了产房。

进了产房，我还是一个人继续使劲，其他人好像在聊一个什么电视剧。而且产房里怎么还有男大夫呀，这个我没想到，但也来不及了，顾不上了。产房里没人拉我的手也没人安慰我，全都在让我使劲！使劲！使劲！我看了那么多生孩子的温情的镜头，握手抚摸安慰鼓励什么的，怎么到我这儿一个都没有呢？

没顾上更多地思考尊严的问题，就听那男大夫说："产妇没劲儿了，切一刀得了。"接下来的一个瞬间就是好像有人用剪子剪了一刀，没打麻药，因为"使劲"的疼痛早就超过了那一刀的疼痛，剪完那一刀以后，男大夫直接把半个身体压在了我的胸腔部位，他"嘿"地使了下劲儿，我觉得我肚子里的那个生命一个健步迅速地向外冲了出去，很快，就到别人手里了，血肉模糊，有人在拍打她，她张开了小嘴，像被突然打醒了一样，"噢娘噢娘"地哭出了声。一个大夫抱过来给我看了一眼说："是女孩子，你看看吧。"

那就是你。

然后他们把你简单地洗了洗，称了重量，在你的手腕上套了一个"××之女"的塑料圈，裹上了医院统一的小夹袄，还给了我一张写着孩子出生时的基本情况和一些数据的类似证书一样的纸，也叫评估表。你的评估表上写着：身高：50公分，体重：3700克，健康状况：良好。

一个拥有标准健康水平的孩子就这样来到了我们的身边。

此时的我也已经从刚才的疲倦中稍事缓了过来，他们把你放在我的身边，我伸出一只胳膊搂着你，心里有说不出来的不知所措。电影里演的那些刚生完孩子的人脸上挂着感动和激动的泪水，这时候的我觉得那是假的，我的感受就是不知所措，还没反应过来呢！躺在我身边的你还在委屈地哭，居然还有眼泪，大颗的。连开电梯的人都说，哎哟，这么点儿的孩子还有眼泪呢，真逗！我心里说，眼泪怎么了，你哭的时候没有眼泪吗？

1997年那时候，位于骑河楼的北京妇产医院只有一个单间，一天80块钱，估计医院是把办公室腾出来并极其简单地装修了一下用作病房，因为全院就这么一间，所以需要提前预定很久才能住上。我表姐陪我度过了第一个晚上，我弟弟负责运送汤饭，你姥姥那个时候已经身患重病，她在21号傍晚的时候见到了你，看着你，她说"好孩子，你来得真好，就让你当我的转世吧"。而事实上姥姥真的在半年后离开了我们。生命就是这样交替着轮回吧。

你出生那天的傍晚，我的两个"闺蜜"带着鲜花来看你。她们原本都是不打算生孩子的，我对她们说，等你们老了，遗产就留给我孩子吧，你俩都是我孩子的干妈。于是，你出生第一天就认了俩干妈。但是，几年后她们都各自生了宝宝，遗产美梦也就随之化为泡影了。好在她们生的也都是女儿，你多了两个妹妹，未来的日

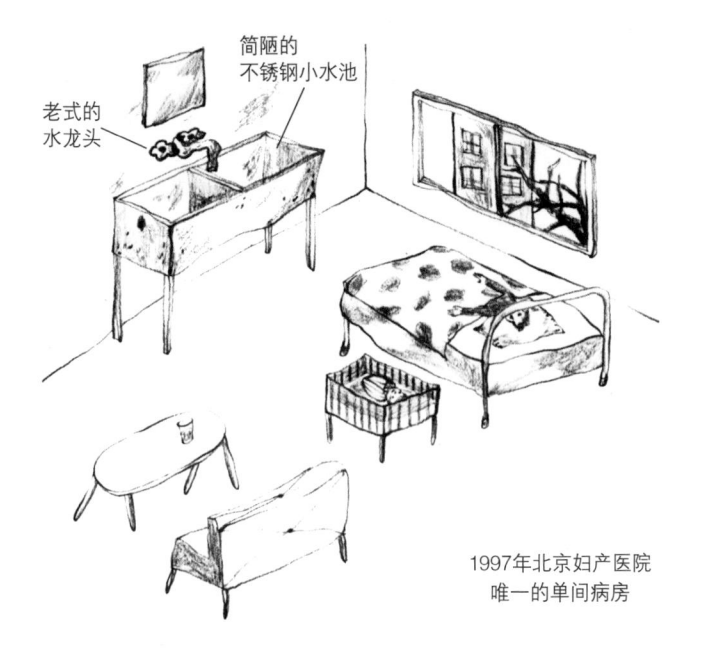

老式的
水龙头

简陋的
不锈钢小水池

1997年北京妇产医院
唯一的单间病房

子里你们彼此是一份照应。

　　第一个晚上你总在哼哼叽叽，肚子里还咕噜咕噜地响，一直睡不安稳。我想你一定是饿了，可是我没有奶水呀，奶水还没来呢，因为你的提前出生令一切都显得措手不及，很多事情都还没有准备好。看着你不舒服的样子，虽然我也很难受，但是根本睡不着。表姐向护士要了点奶粉给你喂了，你还真是饿了，喝得狼吞虎咽的，还打了嗝，然后就睡过去了，直到早上。我也跟着稍睡了一小觉。

第二天一早，一个看上去像退休护士的奶奶推着小车来推销尿不湿、奶粉和其他婴儿用品，她进来看了看你，问我："有奶了吗？"我说："还没呢"，她说："来，我给你按摩一下"。她的手法真灵，几下子就好像清理了所有乳腺征途上的路障，让奶水们健步如飞地冲到了门口。那天下午奶水居然就来了。把你抱在怀里吃奶的时候，才仔仔细细地端详了你，这个小东西什么都有哇！眼睛鼻子嘴巴耳朵小手小脚指甲盖，连汗毛都有，真全乎！真神奇！

如果说这个世界上还有一个人能让你为了她（他）而赴汤蹈火，需要的时候愿意贡献自己的五脏六腑，能够让你不存任何的私心杂念，毫无任何怨言地舍身去为她（他）做任何事情，那一定是你自己的孩子，只有她（他）才具有这样的力量。这就是我生了女儿之后感慨最深的。

你爸是在你出生后的第三天从南京回来的。他见到你的时候先是盯着你看了好半天，我说你看什么呢？他说，我不敢相信，这也太神奇了。我说那你好好看看跟你一样吗？他说太像了太像了。本来就小的眼睛眯得几乎没有了。

每天早上护士会来我的房间给你洗澡。说是洗澡，其实并没有盆。她脱去你的衣服，把你的小身体托在手心上，把水管子的水温调到适度，然后先脸朝下地洗后背，再翻过来洗前身，胡乱地抹两下头，用毛巾一擦，穿上衣服就算完事了，倒是麻利，前后不过几分钟。每当这个时候就看你爸紧张地坐在后边的椅子上一动不动。我说你怎么都僵硬了？他说我怕她把孩子掉水池子里。毫不夸张地说，护士小姐看上去完全不像是在洗一个生命，而是在洗一个萝卜或者一个白薯。

在医院住了大约一周我们就出院了。出院那天特别热，但是按照老习惯，要把你和我都裹得严严实实，车里还不能开空调，一路上我觉得你很不舒服，一定是因为热的，真不理解这些传统的旧习惯。那时候我们住

024

在亚运村北面临近昌平区的一个小区，离城里有好几十公里，到家的时候我跟你都是满身大汗，你虽然没哭但已经很不舒服了，赶紧给你擦了身体，换了衣服，放在小床上，把空调温度调到24℃。后来这个空调就很少关了，因为那年夏天真的很热，我想让你24小时舒舒服服地度过，才不管什么月子里不能着凉的老话。

为女儿做的日常早餐

亲爱的女儿，你是这么长大的 027

为女儿做的日常早餐

亲爱的女儿，你是这么长大的　029

记住陪着你成长的几个人

王姐

在你还没出生之前，我表姐就从内蒙古包头她工作的医院经过半年多的察言观色，默默地物色了一个她认为很本分很老实很能干的王姐。1997年那会儿家政业没有现在这么发达，分工也不精细，看孩子、打扫卫生、做饭、洗衣服，这些都是保姆的工作，一个月也就400块钱，这是当时的标准，现在基本上增长了十几倍，而且月嫂、育儿嫂等工种都细化了，价格也各不相同。王姐个头儿不高，不胖不瘦，倒也慈眉善目。她第一眼见到你就说，孩子这么小，我可不敢抱哇。我马上说不用你抱，你只管家里的事情就可以了，我们自己可以带孩子。后来她真的就没管过你，但是家里的事情好像也不是太擅长。首先她不会做饭，至少她做的饭我们吃不来，让她学着做她说太难了学不会，后来就索性打扫卫生了。你姥姥拖着生病的身体，好的时候做做饭，不好的时候我们就凑合吃。我因为要喂奶，那段时间我把上辈子欠下的和下辈子预定的汤都喝了，以猪手黄豆汤为首，鲫鱼汤为次，其他还有牛肉汤、排骨汤、棒骨汤、黄外婆特制的四川人坐月子必吃的酒酿红糖核桃黑芝麻红枣猪油汤……那段时间我每天照镜子时感觉脸都是肿的，我断定是被那些汤泡的。王姐在我还没做完月子的时候，就开始天天愁眉不展，有时还背着我们抹眼泪。我问她悲从何来？她说想家想得厉害，晚上睡不着觉，一闭上眼睛老公孩子正眼巴巴等着她。于是我跟王姐商量，还有几天我就做完月子了，出了月子我马上就去找一个新保姆，然后你就可以回家了，你看行吗？她立马说，行行行。从那天起，王姐脸上开始有了笑容，连饭都好像会做了，有时候还哼上了小曲儿。归心似箭和指日可待的心情，可以让人这般换了天地。

还差一天就满月的时候，王姐特意提醒我，怎么给孩子过"满月"呀，我看着她想着这一语双关的含义，心里偷着笑。

我说一定好好过，因为是两个人的满月。她说还有谁呀？我说就是你呀。我注意到她的脸有点儿绯红，大概是意识到自己的小心思被我识破了。

满月那天的白天，我让你爸带着王姐进城看了看天安门和纪念碑，毕竟来了一趟北京城，回家也好有个说道。满月的晚饭，也是王姐在我们家吃的最后一顿饭，是你姥姥跟王姐一起做的。你躺在小床上玩儿自己的手指头，大人们有一搭无一搭地东拉西扯着家常把那顿饭吃完了。王姐要搭乘当天晚上10点多的火车，所以吃完晚饭她就拿出行李准备走了，我们给她买了各种北京的旅游特产，没吃成的北京烤鸭也给她带了一只。我妈已经预感到自己来日无多，还给了她很多自己的衣服和鞋，她都一一收下，鼓鼓囊囊两个大包，算是满载而归吧。

告别的过程充满了喜悦，毫无任何悲伤和留恋。我们嘱咐王姐路上当心，回家后好好过日子，以后有机会再来看孩子。王姐点着头有点不好意思地说，来了一个月也没给你们帮上忙，还让你们这么破费，真过意不去，这辈子能不能再来很难说了，北京真好，天安门真大，就奔了火车站。

第二天早上，她让表姐给我们打了个电话说已经平安到家，让我们放心。

032

Yuna的插画作品

亲爱的女儿，你是这么长大的 033

王姐从此再无音讯。1997年的时候我三十多岁，她也就四十出头，现在应该是六十多岁吧，不知道她回去以后又干了什么工作，现在生活得怎么样？但是老公孩子热炕头的日子就是再穷再苦也应该过得暖暖和和的吧。

话说王姐在你还差几个小时才真正满月的6月20日晚上离开了我们家。接下来我们的首要工作就是找保姆。

李晓

1997年6月21日，你满月了。感觉这一个月过得格外的长。一清早把你交给姥姥，我跟你爸就出门奔了位于崇文门的当时叫"三角地"的"三八家政服务社"，现在这个地方已经不存在了。

当时的三八服务社（准确的名称应该是北京市三八家政服务总公司，简称三八服务社），据说1983年就成立了。是北京市妇联开办的一项帮助贫困地区妇女脱贫的事业。全北京就这么一家。想出来打工的农村妇女在当地的妇联报个名，由当地妇联送到这里，然后再由三八服务社向外派遣。据说最初成立的时候才几百人，几年下来居然发展到了十几万人。这是什么增长比例呀？这些妇女出来的时候都留了身份资料，有经过证实了的具体住址和来龙去脉，所以基本上雇主们不用过多地担心。那时候保姆市场没有现在这么鱼龙混杂，找保姆也不需要太多的戒备心，因为有政府监管着呢，是放心的。

当时的三八服务社，一进门先是一间巨大的房间，估计得有好几百平方米。里边放着一排排的长凳子，年轻的女孩子们和中年妇女们都带着期待的眼神坐在那儿等着雇主前来挑选，灯光昏暗，一眼望上去极其异样。隔壁还有一间不大的房间，装修得有点像收银台，有很多的窗口，服务公司的工作人员坐在里边，雇主和保姆谈好了条件就一起到那里去签合

Yuna的插画作品

同、交保证金，流水线式的过程。工作人员也是一水儿的女同志，没人来的时候她们就在里边喝茶看报，张家长李家短地八卦着。

在当时，出来做保姆的多是河南、甘肃、宁夏、安徽等偏远山区且生活贫困的女人。挑选保姆的条件，只要是第一次来北京的基本上就没什么问题了，不需要有经验，反倒是人生地不熟的更好。不像现在还要挑来了多少年了，干过多少家了，有没有经验，会做什么菜系？这些条件在当时反而都是缺点。记得当年的合同基本上是雇主视角，对家政人员是有些限制和约束的。工资的发受方式双方自由选择，可以支付到公司也可以直接付给本人，押金需扣一个月的工资，退人的时候可以领回。好像还有一个300元的服务费，是一次性的。就这些了，很简单。

望着一屋子的人，毫无经验的我们简直是两眼一摸黑，不知道该对谁开口和如何开口。就在我们举棋不定、困惑不堪的时候，有一位看上去跟我年龄相仿的女士走到我眼前，快言快语地跟我说："第一次来吧？一

亲爱的女儿，你是这么长大的　037

看就知道。看你人好像还行，我给你推荐一个人吧，人好，特能干，你可以跟她先聊聊。"她说得很实在，我也动了心，就按照她手指的方向走向了那个年轻的，脸被晒得黑黑的女孩子，她告诉我她老家是河南驻马店的，叫李晓，24岁了。她问都干什么，我大概说了"活儿"的内容，她说那工资你给我400块吧，行吗？那年头，标准的家政人员工资是380元起价，根据各家的情况双方再或多或少自己商量，第一年的工资不能少于380元就是了。以后每年涨一次工资，每次涨50元。大约是现在的十分之一吧。也就是说这十年里我们的物价水平提高了十倍。签了合同，三方各持一份，缴了该缴的费用。后来，我们就带着李晓离开了三八家政服务社回了家。

到家后她先去看了你，非常熟练地就把你抱了起来，你居然没哭没闹。

李晓来了大概一周左右，她就发现自己怀孕了，她跟我说前不久回老家订了婚，没想到……。接下来，我意识到要跟她商量这个事情的处理办法，是回家结婚生子，还是怎样。她坚决要去医院做流产，因为她还想再挣两年钱再结婚。

如果这个时候把她送回服务公司，还真有点不忍心，毕竟都是女人。但是这突如其来的事情真让我措手不及，如果说当时的决定是我的一点私心所致也不为过。我想，算了，就帮她一下吧，让她把这个恩情都放在我孩子身上就行了。于是，我带她去了医院。

到了医院，我给她挂了号，又把她领进了一个年龄比较大的女大夫的诊室。女大夫听口音是东北人，李晓在里边接受诊疗，我在门外候着。女大夫先是问过她姓名年龄，接着又问：结婚没结婚呐？李晓被问得有点不好意思，小声地回答，没呢。女大夫马上大声地说，没结婚就搞性生活？出了事咋整呐？你知道不知道事情的严重性啊？听到这里，我掀开布帘子，看到女大夫正从老花镜上边蔑视着李晓，盛气凌人地还要继续往下审问，我气不打一处来，我觉得她在欺负人，于是我瞪着她也大声地说："哎，大夫，你是管看病的？还是管调查八卦的呀？该开化验单开化验单，该开药开药，其他的归您管吗？问那么多有用吗？" 老女大夫没料到我的横空出现，忍着气没再往下说，低头开了化验单。

我帮李晓选择了药物流产。听了大夫的千叮咛万嘱咐以后，我去取了药，就扶着她回家了。你姥姥听说了以后，把家里给我补身体的老母鸡给她炖上，还放了西洋参，姥姥说"小月子"不能忽视，会影响女人一辈子的健康。李晓在我们无微不至的精心照顾下做起了小月子。我开始往她床前端饭端汤，还要外带着扶她上厕所。药似乎起了作用，她的心也算是放下了。小月子前后做了一周左右，她就不好意思再躺着了。她开始早早地起床为我们做早饭，趁我们还没起床就已经把家里收拾停当，等我们起床她做的早饭已经端上了桌子，她又去给孩子换尿布、穿衣服、喂奶，把孩子安排周到以后，她又开始把全家人的衣服放进洗衣机，一只手逗弄着孩子一边跟我妈唠着家常。太阳好的时候，她就带着一老一小下楼去晒太阳，顺便买回中午和晚上要吃的蔬菜。一日三餐都是她做，她什么都会做而且很可口，当天新做的菜她很少动筷子，劝也不吃，更多的时候干脆就站在厨房随便吃两口就去照顾孩子了。看得出来她是出自内心的任劳任怨，没有任何的勉强和不快。我们享受着她带给我们的这一切的舒适，深感到苦尽甘来了，在内心为自己当初的决定而赞叹。

转眼已经到了8月份。你姥姥真的需要住院进行最后的治疗了，我又开始颠簸的生活了。每天天不亮就赶往医院去陪姥姥进行各种治疗，晚饭的时候才回到家里。你就完全交给李晓了。那段时间才真是最艰难的日子，这一边是自己病重的母亲，而那一边是才3个月大的还只会用眼睛说话的孩子，哪边都是我最亲的亲人，都让我放心不下。

1998 年1月1日，当人们准备迎接新年的太阳的时候，你姥姥永远地离开了我们。她走得非常平静，在经过了半年多病痛的折磨之后，我想她得到了解脱。

我们怀着悲伤的心情送姥姥上路，那段日子我无法从悲痛中舒缓过来，整天魂不守舍。直到在白云观为父母二人做了超度道场，才让我的心慢慢地平静下来。

大侠和小李姐姐

你姥姥病逝后的第二年，也就是 1999 年，你不到两岁，我开始外出工作了，希望用工作来弥补失去母亲的痛苦。也就在那时候，我认识了在中央电视台当制片人的淑静阿姨，我们一起制作了十集纪录片《20 世纪中国女性史》，那个节目到现在也可以说是里程碑式的存在。淑静阿姨是个"女侠"，她创下过很多的纪录和经典，我们因这部纪录片成了好朋友，直到现在。

你的爸爸，那时候跟他的伙伴一起创立了中国第一家面向攀岩、登山人群的户外用品商店"雪鸟"。生意做得还不错，他们代理了世界上最好的户外品牌，也成为当时国内最好的户外用品商店之一。

李晓终于到了该结婚的年龄。你两岁的时候她离开了我们家。之后，由外号叫"大侠"的河北人赵秋雨接替她来看你。秋雨来的时候是 2000 年初，那时的工资已经是 800 元了。秋雨照顾你直到上小学，后来她也结婚走了。秋雨走了以后就换成了小李姐姐来接班照顾你，小李姐姐很聪明，她原本是可以多上几年学的，但是家

用小院里盛开的玫瑰陪着女儿吃早餐

里穷，还有弟弟妹妹要上学，因此她就上了扶贫家政学校，免学费寄宿学习两年。你上小学时的那些语文、算术题都是小李姐姐辅导的，直到她结婚回家。小李姐姐现在也是两个孩子的母亲了，不知道那时候照看你的经验是不是用在了自己孩子身上。

李晓、大侠、小李都分别照看了你三四年。她们都对你很好，无微不至。

Yuna的插画作品

亲爱的女儿，你是这么长大的 045

关于圣诞节的记忆

还记得吗？你小时候圣诞老人每年都来咱们家。

在你还不太懂事的时候，只要告诉你"听话啊，听话的话，圣诞老人到时候会给你送礼物，他在你看不见的地方，每天都能看见你听话还是不听话。"这些话让我们省了好多事。

在你一岁半的时候，圣诞老人居然还真找到家里来了。

那晚，我们吃过晚饭，一家人团坐在沙发里看你最爱的"Hello Kitty"。过了一会儿，爸爸起身说去外边看看自行车是不是忘了锁。又过了一会儿，我们听见有人敲门。我抱着你去开门，门开了，怎么一身红装的白胡子圣诞老人会站在门口呢？他的帽子几乎遮住了眼睛，胡子几乎遮住了半张脸，他声音很粗，但是很亲切地说："你好啊小那那，我看你每天都特别乖，所以给你送礼物来了。"你的表情既惊讶又惊喜，还特别期待。老爷爷从背后取下他标志性的红袋子，从里面一个一个地掏出很多礼物，有帽子、玩具、书，还有很多好吃的糖果。你哪里会知道这些东西是不是自己请求过

046

的，反正圣诞老人给你送来了。但是你的注意力并没放在那些东西上，而是开始上上下下地打量眼前的这位"圣诞老人"，忽然你趴在我耳边说，"妈妈，圣诞老人的袜子跟爸爸的一样"。我一阵紧张，赶忙岔开话，告诉你大概男的都穿这种袜子吧。然后赶紧说，"圣诞老人还要给别的小朋友送礼物去，你快跟他说拜拜吧。"但是直到圣诞老人边跟我们说拜拜边走出家门，你的眼睛都没有离开他的袜子。

长大点了以后，我们让你写好纸条，提前放在枕头底下，告诉你圣诞老人能看到你留的纸条，但礼物只能有一个，因为圣诞老人老了，礼物太重会把他累坏的。12月24日的夜里，再冷你都会把窗户打开一条小缝隙，把装礼物用的袜子挂在窗户的把手上，每年你都会收到一个小小的礼物，都是你想要的。12月25日的早晨，你会早早地醒来，然后欢呼雀跃着大喊大叫，"妈妈，他来过了，带来我的礼物了。"

有一年，我们在你的枕头下边发现字条上居然写着"想要一辆自行车"。什么？这可是"大件"啊！这可怎么办？圣诞前夜你临睡的时候小声告诉我："妈妈，明天我可能收不到礼物了，因为我要的礼物有点大。"那晚，我还看到你把房间的窗户几乎都打开了。第二天早上你醒来的时候，一辆崭新的山地车居然就摆在你的房间里了。你推着车，没喊也没叫，很冷静地来问我，"妈妈，我觉得很奇怪，昨天晚上我睡觉的时候把窗户都打开了，可现在窗户是关着的，自行车怎么进来的？"这一年你上小学四年级。

我们认为圣诞老人的故事该告一段落了，因为我们也已经快演不下去了。那些年为了藏礼物，家里的各个犄角旮旯儿，床底下、马桶后、锅盆里，全都用遍了。尤其是自行车那一场戏，演得着实不容易啊！我们提前几天先去店里把车选好，把钱付完，12月24日白天把车取回来，放在平常很少用的楼梯过道里，又怕被人偷走，隔一会儿就得去看看它是否安妥。直到等你睡着把车推进你的房间里，我们才算长出了一口气。

那应该是圣诞老人最后一次来咱们家了。打那儿以后，你的圣诞礼物也是我们全家的圣诞礼物，就是一家人或在家里或去餐厅吃一顿好吃的饭，听场音乐会或看场电影。

你长大以后又梦到过圣诞老人吗？如果有，那说明你很怀念童年的美好记忆，那就珍藏好那些关于圣诞老人的记忆吧。

幼儿园的日子

3岁，你已经出落得活泼可爱、伶牙俐齿，模仿能力极强，学什么像什么。

我们多方打听，一家家地走访、参观。多动听的解说和多漂亮多奢华的外表都别想打动我，我有我想要问的问题：每天能在外边玩多久？两餐的伙食是什么？午睡时如果尿床，老师会不会让她光着屁股一个人待在床上？午睡起来后吃什么？保证不学任何文化课吧？在"考察"了各种公立的、私立的、双语的幼儿园之后，我们选了一家最普通也相对比较朴素的幼儿园，是因为园长告诉我，孩子们上下午基本上都是在院子里自由玩耍。再加上她给我出示了一周的伙食单，这也打动了我：各种小包子小懒龙小饺子小馄饨小炒菜，看上去搭配得体，营养周到。我们就定下这里了。每月缴费400元，包含全部费用，这就是当时的行情。后来各种教学形式的幼儿园开始踊跃地出现了。我觉得只要能多玩，吃得好就足够了，其他都不重要。

但是，再好的幼儿园对于3岁的孩子来说也是难以接受的，至少对于你来说是这样的。上幼儿园的两年半时间里，每天早晨都是"灾难"。你每天睁开眼想到的第一件事就是怎么能说服我不去幼儿园，不是这儿疼，就是那儿不舒服，然后在挣扎无果的情形下一步三回头地进门而去，但是，每天接你的时候又看到你活蹦乱跳地出来，因此我无法判断幼儿园到底是好还是不好，你又为什么那么不情愿地去。我从没问过你这些，每天拖着你送进去，傍晚又看到你欢快地跑出来。就这么哭哭啼啼、快快乐乐，两年半的时间一晃就过去了。

2003年"非典"，你爸在日本给你找了一个"森林幼稚园"，那是一位50多岁的好玩儿的老先生创办的。这家幼稚园不分班次，不分年纪，大大小小的孩子们都在一起，从几个月大的到学龄前的孩子都有。"森林幼稚园"一概不教文化课，每天就是在森林里、山岗上到处玩儿。幼稚园本身就建在一个小高地上，开放式的大木头房子看着就舒服。校长让家长每天给你们带三套衣服，回家的时候每套衣服上都沾满了泥土。仅半年的时间，你就学会了爬树，游泳，带小孩子玩儿，做咖喱饭，搭帐篷。从没见你哭着说不想去，也从没听你说过这疼那疼的。

可见玩儿是孩子多么单纯又容易满足的天性啊！

亲爱的女儿，你是这么长大的 053

你上学了

2003年秋天，你上小学了。

我们为了你上学方便，在亚运村附近买了一套公寓，因为这个小区配套有一所小学，小学挂的还是知名学校的名字。买房子完全是为了能让你多睡会儿，上学近，就图这个方便，学校的好坏对于我们来说没任何意义。你们是这所新学校的第一批学生，校长姓周，新校舍，新老师，加上新的学生和家长，所有的人都满怀着各种期待。校长希望贯彻自己的教育理念，老师希望一展身手，家长希望孩子受到好的教育。而我们只希望你不讨厌学校。

你的运气很好，班主任李老师是个个子不高、和蔼可亲、通情达理的好老师，从不对学生大喊大叫，与家长的沟通也很好。教英语的马老师也是你最喜欢的老师吧，我经常说，如果没有这两位极具爱心的好老师，你的学校生涯一定不会这么顺利地开启。

我记得刚入学的时候，我跟老师交换过意见，"如果我的孩子有人品和道德上的问题，请您随时叫我。但是，如果因为学习成绩有问题，那请不要找我，因为对于我们来说考多少分都嫌多。"所以，直到你五年级转学离开，除了我们主动找上门的情况以外，老师们竟然真的没"请"过我们。你在学校的五年，我们还真没少"麻烦"学校：作业留得太多了，拦着不让写；在食堂吃坏了肚子，找来卫生防疫站的人进校调查，还让媒体人找校长了解情况……真真不少。我的理由是，孩子再小也要有属于他们的人格，这个人格是不容侵犯的。当孩子自己不能保护自己的时候，作为家长应该在自己孩子和学校面前拦起一座高墙，使出浑身的力气保护属于孩子的权利。

为女儿做的日常早餐

六一儿童节

每个时代都有六一儿童节。

出生在 20 世纪 60 年代的我们，也曾经有过辉煌的六一儿童节。

那时候，每逢这个节日我们就要早早地来到中山公园或者劳动人民文化宫。我们站在门口的通道两侧，手拿着绢花花束，上身穿白衬衫，下身穿花裙子，脚穿白袜子和需要抹"大白"的白球鞋。少先队员们还要佩戴红领巾。

早上 8 点公园一开门，我们就挥舞着花束，高喊着"欢迎欢迎，热烈欢迎"，喊完了还要高唱"美丽的鲜花在开放，在开放，朋友们呀欢聚一堂，欢聚一堂……"。

除此之外我们还会伴随着音乐翩翩起舞。如果赶上有电视台来录像，我们更要露出牙齿，一展笑脸。一直跳到中午，我们每个人都是满头大汗，筋疲力尽。然后围坐在一起开始喝统一发放的北冰洋汽水，吃义利维生素面包。

那时候，我们都为自己能被挑选来这里而感到自

豪，希望自己能被分配站在第一排，更希望能在载歌载舞的时候被熟人认出来。尽管我们也很想到公园里的各个角落去看看还有哪些汇报演出，但是能站在大门口，让大家在一进门的时候就看见我们，这一点对于一个七八岁的孩子来说是一件比什么都荣耀都自豪的事。

以后的很多年就再没有过六一儿童节了，直到有了你。跟着你我们又过起了儿童节。

记得你还在上幼儿园的时候，有一年，幼儿园的老师动员孩子们给爸爸妈妈制作卡片，以感谢养育之恩。晚上接孩子的时候，看到他们每人的手中都拿着一张小卡片，他们兴奋地说这是我们专门给你们做的。做家长的当然为孩子们的这份孝心感到高兴。

接过卡片，打开一看我就笑了。发现幼儿园的老师也挺幽默。卡片上，像是老师的笔迹写着："亲爱的爸爸妈妈：谢谢您们含辛茹苦地把我们养大。我们长大以后一定孝顺您们。"

我问你，你知道什么叫含辛茹苦吗？你说是不是一种新的含片？我说不是，含辛茹苦就是嘴里吃着辣的，锅里煮着苦的（现在想想，作为大人自解词义，瞎编乱造很不好，这是不负责任的表现）。你说那我都不想吃，我就爱吃糖醋排骨。

第二天见到老师，我很恭敬地对她说，谢谢老师们忆苦思甜的教育。如果你们能再把周扒皮和黄世仁的故事给他们讲讲，那就更好了。

动员孩子们制作卡片是好事，不过应该挑些孩子们能理解的词语来表达。

今年的六一，我们要不要去游园？

还真有点儿怀念从前的游园了呢！

爸爸的眼泪

今天正在外出差的你爸跟
我说，在他生日的那天他收到了
一封邮件，是你发给他的一封画
着漫画的信，他说他感动得都
哭了。我说不至于吧，男儿有泪不轻弹啊！这么多年来
我只有一次看到你爸落泪，那是在我们的好朋友Hisami
去世的时候，我写了一封信希望她先生放到她的棺木里
一起烧掉，你爸看了那封信流了泪。就那么一次。后来
他把你的那封邮件发给了我，漫画中第一幅画面是一只
大兔子在汗流浃背地干活，一只小兔子在旁边高兴得手
舞足蹈，你在旁边标注"你经常……"。第二幅画面是
大兔子跪在地上爬，小兔子趴在他身上笑，旁边的标注
还是"你经常……"。第三幅画面是大兔子斜靠在沙发
上睡着了，小兔子在一旁扇扇子，标注依然是"你经
常……"。第四幅画面是你的话："爸爸，谢谢你这么辛
苦地工作，为了让我快乐。等我长大了一定好好工作，
让你好好休息。爸爸，我爱你。"这几句话写得是挺
"那个"的，我的眼睛也湿润了。

062

为女儿做的日常早餐

亲爱的女儿，你是这么长大的 063

为女儿做的日常早餐

亲爱的女儿，你是这么长大的 065

转世

　　昨天晚上，8岁半的你躺在床上突然对我说："妈妈，人会死吧？"我回答说"是呀"。你又说："那死了以后呢？"我说："活着的时候多做好事、善事，就是积累德行，那么死了以后就可以转世。"你很是不解，"什么叫转世？""转世呀，就是人死的时候，你的灵魂会离开你的身体，附着到一个即将出生的宝宝的身上，然后你就变成另一个人重新来到这个世界上，"你又问："那我还是你的女儿吗？""这可不一定了。因为你离开这个世界的时候，我早就转完世了。"

半天没有动静。过了一会儿，我以为你睡着了，却看见你闭着的眼睛里流出了眼泪，我赶紧问你："这是怎么了？"满眼都是泪水的你哭着说："如果当不了你女儿，我就不转世了。""哎呦喂，这话说的，这不聊天呢吗？怎么就动了真格的了！"我赶紧把这个话题打住。可还得安慰你呀，我就说，"干脆这样，我离开这个世界的时候拿一件你的东西，你呢，也拿一件我的东西，然后咱们俩找找看，找着了就还是一家子。"你又说"还得叫上爸爸"。我说："行行行，不就多双筷子吗，没问题"。就这样，你才终于挂着眼泪幸福地睡去了。

孩子的话是发自心底的最纯真的感情。希望你能永远保持这份健康纯洁的心。

为女儿做的日常早餐

亲爱的女儿，你是这么长大的 069

为女儿做的日常早餐

亲爱的女儿，你是这么长大的　071

重奖之下必有勇女

期末考试结束了。对于成绩，你似乎还算满意。

一个月前，我在上海出差，有一天你打电话跟我说学校进行了数学小测验，我说那你一定考得不错吧？你说要是考得不错就不给你打电话了。我说80多分可以了，不要对自己要求太严格，然后你说要是80多分也不打电话了。我说70分就70分吧，下次努力。你又说考70分我也挺高兴的。我说，难道你考了60分吗？你说你想听实话吗？我说那还用说！然后你说才考了35分。我说你开玩笑呢吧？你说是真的，没骗你。这回轮到我不知道该怎么说了。我说是你不会吗？你说我会，可是我没好好看题，两行字我才看了一行就开始写，所以好多都写错了。我说那你太马虎了，你总是马虎。那你打算怎么办呢？你说还跟从前一样，我把卷子从头做一遍，让小李姐姐给判卷，如果我能做对，你就别生气行吗？我说也只能这样了。因为即便我想咬你我也够不着呀！没过多长时间小李就给我打来了电话，说题目她都会做，就是马虎造成的。

期末考试前，我跟你谈了一次话。

　　我说，我知道再怎么说你到时候你还是会马虎，干脆这样吧，如果你每科的成绩都能考过 95 分，我每科都奖励你 100 块钱让你买你喜欢的漫画书。你说你说话算数？我说当然，君子一言驷马难追，女君子的一言五匹马都追不上。你说好！一言为定。

　　从签定了金钱奖励合约的那天起，你表现出了从未有过的对学习的热情和积极性，起早贪黑，晴雨都读，只争朝夕。

　　果然，功夫不负有心人。期末考试的成绩公布了以后，你手心朝上地就找我来了。还是数学考得不够好，考了88分。语文和英语都接近100分了。我鼓励了你，但是属于数学的100元钱我没有给你。你说你把这100元先收着，我下次挣回来。

从前我是非常反对用金钱鼓励孩子的。看到美国人让孩子扫地都要付劳务费，我嗤之以鼻。我觉得那样会让孩子过分地看重金钱，会影响他们的身心健康。我为违反了自己的原则而心里难过，我不知道这样做的结果是好还是坏。而事实上，仅从这件事情上来看，似乎结果还不错，起码女儿为了得到她想要的而认真了，而认真后的成果是显著的。所以，我也不知道这样的鼓励还应不应该继续，下个学期我还要不要再准备这笔预算？

我说过，我们对女儿的要求是考多少分都嫌多，但是我们不希望她变成一个粗心马虎的孩子，所以才想到了这样的激将法。

吃荞麦汤面的女儿

亲爱的女儿，你是这么长大的 075

领导干部

我从没当过领导。在我看来，领导大多数都是纸上谈兵，所以我发誓这辈子不当领导。

可我们家偏偏出了个小领导。

不久前的一天，只见你的小胳膊上明晃晃地别上了"二道杠"。

那是我出差回来的一个早晨。你在出门去上学前说要找我谈谈。我说出什么事儿了？你说：我当上中队长了。我连声说不可能，不可能，你既不积极向上，又不努力学习，又不是"三好"学生，当个课代表也还是思想品德课的，再加上你妈还经常找你们校长的麻烦，而且从来不参加由她主持的家长会，以至于你们校长一看见我就绕道走。在她的眼中我是一个最难打交道的，最不配合学校狠抓学生学习工作的家长，因为我经常怂恿你不完成老师留得太多的作业。

所以你怎么可能当领导呢？

你一脸认真地跟我说，没骗你，是真的，我们竞选的。我说，啊？你是不是花钱拉选票了？我知道你手里有不少压岁钱，这么小的年纪就学会这一套了。这下你有点

儿急了，瞪着我说：你说什么呀？我告诉你是这么回事。

老师说：今天咱们选中队长，想当选的同学就主动站起来。

我问，你站起来了？你说是啊。我又问，就你一个人站起来了？你说全班都站起来了。我扑哧就笑了。你又接着说，后来老师说既然这么多同学都想当中队长，那就选举吧。我问有人选你吗？你说你的票数最多。我很不解地问凭什么？你说大家说你关心同学、关心班集体，从不跟人吵架斗殴，也不跟人争先恐后。

我说，噢，你人缘儿挺好。你继续一本正经地说，所以，从今天开始我就是中队长了，你们以后跟我说话要尊重我，我不是一般人了。我马上说，是是是，中队长，您看我们哪里做得不对请多批评多指正。

你就这样晃着小胳膊上学去了。我跟你爸都愣在那儿了，我们的第一反应就是：从今往后我们家有领导了。

看来自由自在的日子要结束了，我们的一切行为将要受到监视和管理，我们必须学会以身作则，严格要求自己，不能让中队长觉得我们是让她没面子的父母。中队长的父母就得有个中队长父母的样子，我们得穿西服打领带，把已经压箱底儿的套装翻腾出来，弹去灰尘重新上身。我们不能睡懒觉、不能抽烟，不能一见酒就高兴，我们讨论的话题更应该与时俱进。

打那天开始，你爸每天早上多了一项工作，再困再累也要在你出门的时候爬起来，站在门口一鞠躬说：请中队长走好，祝中队长今天快乐。

往往这时候，中队长也会很礼貌地回答他：回去吧，别送了。

这样的日子过了不到一个月，我们发现中队长对我们的要求不再那么严格了，那是因为你自己对自己也开始放松了。我想大概你也终于明白领导干部以身作则还是挺累的一件事。

我在心里暗喜，自由的日子又将重回到我们家中了。

其实小学生为什么非要有班干部呢？让孩子们从小就有上下级的意识不是好的教育方法。我在日本生活多年，学校里只有学习委员，是没有班干部这一说的。我举双手同意取消班干部制度。

为女儿做的日常早餐

亲爱的女儿，你是这么长大的 081

找老师谈话

上个月的某一天，你回家后告诉我，今天你在全班同学面前承认错误，赔礼道歉了。我说最近忙没顾得上管你，你都"堕落"到这个地步了？我问她是因为什么，你说是因为没带礼仪课的课本，上课前老师让没带课本的同学到别的班去借，书还没借到上课铃就响了，孩子们赶紧往自己的教室跑，所以你没借到课本。结果就是礼仪课老师让你站在全班同学面前向大家承认错误。

听完你的描述，我认为老师这样做很不妥，属于无理的体罚，你的道歉是无辜的，于是我拿起电话打给你的班主任，表达了作为家长的抗议。班主任说明天到学校找礼仪课老师了解一下情况。我说不用了，我明天一早去学校直接找这位老师。班主任说那好吧，您别太生气。我说好我不生气，明天见。

第二天一早我去了学校。在三楼的楼道里正好遇到这位礼仪老师搂着你的肩膀正微笑着向我迎面走来，看来班主任已经跟她通了气，她是有备而来的。

我们进了办公室，她请我坐下，她坐在我的对面，你站在我们两人中间。她说好像孩子昨天回家跟您说了一些学校的情况，我说是的，不是好像，就是说了。她又说孩子好像心情受到了破坏，我说对，不是好像，就是。她带着很不自然的微笑接着说，其实我们昨天的事情是一次演习。我说什么演习，消防演习吗？她说不是，我们昨天上课的内容是如果你犯了错误，别人给你指出来，你要向别人表示感谢。正好她们几个同学没带课本，我就把这个难得的机会让她们演习了。依着我的坏脾气，我会盯着这位老师说，你没搞错吧？演习什么不行啊？非演习承认错误，而且你在说谎你知道吗？你现在的心跳肯定超过二百下了，因为你脸都红了。可是我并没有那样说，我还是带着很扭曲的微笑和很严厉的口气对她说："既然你这样说我就不说什么了，但是我希望你作为老师对自己的言行负责。我不希望我的孩子在学校不快乐，我更不希望她的心灵有阴影。忘带自己的课本没有侵犯到全体同学的利益，犯不上向全班同学赔礼道歉。"她说看来您的孩子没有经历过挫折教育，我说是的，为什么要经历挫折教育呢？

临走时我又告诉她："对不起，我们的教育方针是：健康第一，快乐第二，学习第三。我们不需要任何的挫折教育。"

为自己而学习

我看到最近一段时间你非常严格要求自己，不迟到、不请假、不早退，并且宁可晚睡早起也积极主动地认真完成作业，与前一阶段的状态形成鲜明的对比。我心存蹊跷想找个机会打探，终于在昨天你自己忍不住告白了原因。

前不久的某一天，老师问孩子们："同学们，你们学习是为了什么呀？"大多数的同学回答：为自己，为父母，为爷爷奶奶，姥姥姥爷等。但是你却发现老师的眉头越皱越紧，于是你发现这个回答不是老师想要的，等到老师提问到你的时候，你战战兢兢、小心翼翼地回答："为了我们的班集体。"这一回答博得了老师没完没了的鼓掌，然后语重心长地对大家说："还是那那同学懂事，知道为我们的班集体争光。这种精神要大力发扬，大家都要向那那同学学习。为了班集体而学习，有了班集体才有你们自己。"

听完你的描述，我问你真的是这么想的吗？你说看见老师都快哭了，所以就想试试这个回答是不是老师想要的，没想到会得到表扬。

亲爱的女儿，你是这么长大的 085

我真心的难过。为这样的教育难过，为我的孩子学会了见风使舵难过。我不明白一个孩子学习的好坏跟班集体到底有什么关系。难道跟老师在学校的地位和待遇有关系吗？孩子们在学校整天听到的就是：不要给班集体的脸上抹黑；不要因为你一个人的行为破坏了我们班集体的声誉；让流动红旗必须永远挂在我们的班集体，哪儿都不能去；谁给班集体争光谁就是英雄。等等等等。

我觉得我必须立即纠正你这个观念。

我很严肃地告诉你，你学习谁都不为，就为你自己。为了你长大以后说话不露怯，每一种知识都知道一点。而且你想学就学，不想学马上可以退学回家玩，玩到你想去学校时再去，用不着看任何人的脸色。更不允许你看人行事，见人说话，为讨别人的喜而昧自己的良心。

你被我说得有点不自在，意识到自己做了不该做的事，虽然嘴里没说，但我相信你已经觉得自己的行为有点可耻了。

Yuna的插画作品

跟同学老师告别

明天开始，孩子们就要放暑假了，你在这之前就定好了，要在最后一天跟同学和老师告别，因为下学期你就要转学了。班主任王老师说就别让你参加结业仪式了，等仪式结束后把同学们留下来跟你告别。

我跟你走到教室的时候，同学们已经把课桌围成了四方形等着你了，一进教室同学们都鼓掌欢迎，弄得你还有点不好意思。老师请你讲几句话，我本以为你会说虽然我转到别的学校去了，但是我会很想念你们的，也希望你们不要忘了我。可是你支吾了半天，我都替你捏了把汗，终于开了金口："其实我也挺不想去的，可是我又不得不去，我主要是想提高我的英文水平，到时候你们就知道了，我总得有一点儿特长吧。"我当时别提多难堪了，这叫什么告别讲话呀？简直就是自言自语嘛！早知道有这仪式，我说什么也得帮你写一篇讲话稿让你照着念呀！还是班主任老师好，她接着你的"讲话"说："那那同学有了自己奋斗的目标，多好！我们都为她高兴，下面我们每个同学都对那那同学说一句话。"于是同学们转着圈儿地一人一句开始说了，有的说：希望你的英文水平能超过我。也有的说：反正你不是还在这儿住吗？找你去。还有的说：希望你一直都这么快乐下去。孩子们的话都是诚恳的，发自内心的，能感觉到他们对你的友情。你呢，站着听他们每一个人说话，小眼泪开始往下掉。我想，你一定是在回忆自己这五年跟同学们一起走过来的学习生活而百感交集了。最后你拿出了我们全家一起准备了一个晚上的礼物一个一个地发给大家：一个卡通信封里装着一块可以替换的能伸缩的橡皮，一支可以用《西游记》人物抽签的笔。信封是我们全家又裁又剪又粘，手工制作的。你把每一样东西放进去以后还在信封上画上太阳和月亮以区别男生和女生。一共29个信封，个个都体现了你的真情。你给老师选的礼物是一对可以摆在桌子上欣赏的琉璃天鹅，你说老师太累了，想让她看到天鹅的时候能放松一下，因为天鹅很优美。你也同样收到了来自同学们的礼物，有一个同学给你写了一封信："刚转学来的时候你是第一个跟我说话的，带我上厕所，还给我讲英语，你走了我跟谁学呀！"临离开学校的时候我们去了校长办公室，周校长抱了抱你说，你是一个好孩子，希望你在新学校继续快乐。我也说了些感谢的话。

你要告别一段童年而开始另一段新的童年，作为家长，当然是希望你快乐再快乐。而作为你自己呢，没成长到一定的年龄是不可能判断出到底是哪一段童年给了你更多的快乐。而今天的你能体会的可能也只是不舍。11岁的你已经开始体验人生的离合了，希望你能珍惜今后人生道路上的一切悲欢和离合，成为一个感性的、感情的、感恩的、感动的人。

Yuna的插画作品

为女儿做的日常早餐

亲爱的女儿，你是这么长大的 093

崭露头角

　　自制酸奶做得时间长了，便成了奶酪，因为什么都没放所以酸酸的，口感不太好。正不知道该怎么办的时候，你看到了，左闻了闻右闻了闻，放进嘴里咂巴了两下，然后语出惊人，"你不是有罗勒酱吗？把这两个混在一块儿就好了。"我有点怀疑，那样能好吃吗？你爸本来就"嘴刁"，到时候罢吃，可惜了我的罗勒酱。你拍着小胸脯说，"放心吧，不成功我一个人全吃了。"我试着拿出罗勒酱交给你，你一点点地往里加奶酪，搅拌，再加，再搅拌，几个回合之后，奶酪罗勒酱做成了。我拿出一片面包，抹上酱咬了一口，居然比只吃罗勒酱要好吃百倍，带着淡淡的奶酪酸，加上罗勒酱的草香和橄榄油的清香，这真是一道美味无比的面包酱。我想，如果用它拌上意大利面味道一定也不错，或烤张比萨饼，烤一块三文鱼蘸着吃，味道应该也不错。

　　还记得你上小学六年级的时候，老师让你们写英文作文，描述自己将来的职业。你是这样写的："长大以后我要去意大利留学，学什么呢，学做意大利菜。因为意大利菜是我吃过的最好吃最舒服的菜。学成之后，也许在中

国也许在别的国家开一家自己的意大利餐厅，货真价实的。我爱美食，我要让更多的人认识美食。"后来，老师给你写的评语是："希望你好好记住我，因为我以后一定要去你的餐厅，而且你最好别收我的钱。"吃着奶酪罗勒酱，我眼前已经浮现出了戴着高高的厨师帽，身穿白白的厨师装，脖子上还系着小红领巾，嘴一咧左脸蛋上露出一个小酒窝的主厨你在厨房里忙活的场面。从头盘到甜点，餐厅周到舒适，和蔼亲切，回头客很多。你会在厨房间歇的时候出来跟客人们打招呼，彬彬有礼，举止端庄，面带微笑。你站在每位客人的旁边，耐心地听取客人的意见，讲述自己对美食的见解。这是一幅多么美好的画面。当然了，我更愿意帮你做点例如收钱什么的力所能及的小事，每天打烊以后，戴上老花眼镜蘸着唾沫星子数数一天的流水，也应该是件挺美好的事。

为女儿做的日常早餐

亲爱的女儿，你是这么长大的 097

女儿初长成了

你中学毕业了。毕业典礼在首都机场附近新建的希尔顿酒店大宴会厅举行。估计自打这座酒店建成后，大宴会厅还是头一回使用吧。为了这个毕业典礼，你紧张得好几天都寝食难安，每天心跳都偏快。我们嘲笑你没见过大世面，没登过大雅之堂。可是想想，这还真是你头一回登上属于自己的大雅之堂，头一回当上属于自己的大世面的主角。

这种紧张一定会变成美好的回忆。

典礼很温馨也很庄重。家长们落座以后，全场安静，大门打开，男孩子们身着西服打领带，女孩子们身穿各种漂亮的礼服裙佩戴精致的首饰，都化了妆，一个个排着队款款地走进会场，家长们热烈鼓掌。孩子们都太帅，太美了！高中部的哥哥姐姐们现场演奏爵士乐助兴。校长讲话讲到一半时说，我唱的比说的好，就干脆抱起吉他唱了段摇滚。中学部的两位校长回顾每一个孩子三年来的成长经历，幽默风趣。真感慨于他们点点滴滴细心的观察，甚至怀疑他们是不是怀揣着记事本三年来天天记录孩子们的举手投足，要不怎能记忆得那么

深刻，准备好了材料只等着这一天来"爆料"。太感人了，好几次我泪眼模糊。

回想 2008 年你转学到这所新学校，一晃三年过去了，你一定陌生过、迷茫过、碰壁过、遭遇打击过。但是你很少跟我们说不如意的事，总是说那些听起来高兴的、新鲜的事，包括学校的伙食有多么精彩等。让我们觉得这三年你在新学校的生活非常愉快。

毕业典礼上，校长说能讲三种以上语言的同学请起立，我看到你直着小腰板儿站起来了，那身姿让人欣慰，笑脸上充满了自信。就在那一刻，14年来一个个阶段一点点小事就像电影中的片断一样从我眼前一个个地闪过，那些我们一起拥有的，一起经历的美好的片断……班主任老师在毕业留言本上写："谢谢你每天带给我们的笑脸。"毕业典礼结束后，家长们提前离开，孩子们要跳舞狂欢到半夜，然后你和mika被邀请去了住在机场附近的好朋友家留宿。半夜我给你发短信：赶紧汇报，有没有男同学邀请你跳舞？你回复我：没有！我这才放心去睡觉了。

亲爱的宝贝儿，14岁如果没人邀请没关系，还小呢嘛！妈妈希望你再单纯几年。24岁还没人邀请我该着急了。要把握好自己，把握好青春，把握好属于自己的幸福。

接下来的高中生活一定更精彩，因为那才是让你真正建立自己、实现自己的基础。加油吧！精彩的世界正向你打开大门。

Yuna的插画作品

International Day

今天是你们学校的"International Day"，这个节日其实就是各家家长给孩子们做很多具有各国特色的好吃的带到学校，请老师和同学们一起吃。前几天学校特地给家长发邮件告诉我们要做够至少 15 个人的量。去年的今天，Emiko住在我们家，她给你们做了看上去好看吃起来更好吃的寿司饭团，上面还点缀着熏三文鱼。让你在老师和同学们面前着实骄傲了一把，回家时头都是昂着的。今年，这个伟大而艰巨的任务落在我身上了，咱也不能含糊，不能让你没面子。我在前一天晚上就把电饭煲预订好时间，等我早上 6 点钟起床时，亲爱的米饭已经热腾腾地在电饭煲里向我招手了。洋葱、三文鱼、黄瓜、火腿，昨天晚上我就准备好放在冰箱里待用，竹帘和紫菜也提前从抽屉里拿出来放在厨房桌上。

对，我要做的是紫菜寿司饭卷。

本想做糖醋排骨、冰糖肘子、黄豆猪手、干烧鱼什么的，但是被你阻止了，你说别搞那么隆重，我们的节日是体现各国的小吃文化，你弄那么下饭的菜，米饭和汤谁给准备呀？吃完你的用葱、姜、蒜、花椒、大料做出来的重口味，人家还能往盘子里放别的吃的吗？你说得倒也在理！

紫菜寿司饭卷就是在这样的历史条件下诞生的，今天它更是肩负着伟大的使命跟着你雄赳赳气昂昂地出门了。

小花

有一个善良的美国人Brent在 2004 年成立了一个救助孤残儿童的机构——小花（China Little Flower）。Brent是一个靠工资养家糊口的美国人，他用自己的钱和他游说来的善款在北京郊区的一个普通小区里租了五套房子，里面分别住着5对来自中国不同地方的夫妇，这5对夫妇分别养育着大大小小5、6个身有残疾的孩子。

这5对夫妇有一个共同点——他们都是天主教徒。他们把这些孩子视为上帝的礼物。

他们每周最大的乐趣就是在周日带着孩子们在早上5点半出发，坐公交车赶到宣武门的南堂做弥撒，然后再拉家带口地回来。

他们的房间里挂着圣像。

你从这周开始有了两个学生，一个面部残疾的 11 岁女孩小颖和一个下肢残疾的 13 岁男孩天兵。有一个好心人捐了一架钢琴，虽然质量不是很好，但作为初学足够了。你成了他们的小老师，这个暑假你将跟他们一起度过。孩子们不会弹琴，但是会看五线谱，他们好像也很喜欢你这个小姐姐。

Yuna的插画作品

你在 14 岁生日的时候提出想去做义工，你说你能教钢琴、唱歌和绘画，更想照顾特别小的孩子。于是我开始四处寻找，八方打听，终于在朋友的介绍下，找到了距离我们还不算太远的"小花"。

5 个家庭里收养的孩子分别有早产、唇腭裂、心脏病、肢体残障。他们来自全国各地的福利院，Brent 是从这些福利院中接手并收留这些需要照顾和治疗的孩子的。

每次给他们上完课回来，你都跟我说你的心特别疼，有时候你甚至会躺在床上流泪。你问我，为什么他们会有病？为什么他们的爸爸妈妈不要他们？为什么他们笑得那么好看？他们不难过吗？他们不疼吗？他们长大了怎么办？……很多很多的问题。

我相信你的眼泪不是悲悯的泪，是被他们灿烂的笑容感动的泪。这些孩子给了你思考人生的契机。你看到他们虽然身体是残疾的，但是他们很勇敢。他们活得很自然，很认真，很享受，很知足。他们会拿着西瓜送到你的面前，笑眯眯地看着你吃完问你还要不要。

在生命面前，所谓的身份、地位、贫富、肤色甚至国籍都不重要。生命就是生命，喘着气的活生生的生命。尽管他们身体残疾，尽管也有很多的不如意，但是，有口气就应该有尊严，有属于他们的权利。

这应该是你在这个暑假里感受最深的。

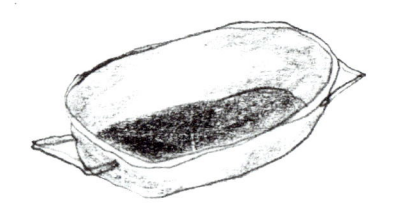

为女儿做的日常早餐

国际比赛归来1（Yuna的作文）

跟随合唱团去匈牙利参加国际合唱比赛回来以后，团里要求孩子们每人写一篇作文，要刊登在团刊《天籁》上。你使出了13年的吃奶和吃饭的全部力气，终于完成了这篇"杰作"，我把它"晒"出来以示纪念。

《我的比赛》

这个假期，给了我一个一生都忘不了的回忆，那就是跟随合唱团一起去匈牙利参加合唱比赛。合唱团已经十多年没有出国比赛了，这次，杨（杨鸿年）老师想让我们这些没有跟团一起出过国的团员去亲身感受一下国际舞台。我觉得对于我们来说这次比赛真的收获非常大，不仅取得了很好的成绩，还让我们切身地感受到了集体的力量。7月13日我们开始了比赛前的集训，在整个集训过程中，我们所有人都表现得非常认真，每天六个半小时在不知不觉中就过去了。我们反复练习比赛的曲目，杨老师为了让我们加深对曲目的理解，给我们讲解曲目的含义和背景，我们一点一点地进步。但是其实直到出发前我们还没能太准确地把握好曲目，7月23日出发前的彩排演出让所有团员都对自己的表现不满意。我觉得杨鸿年老师和杨力老师都在为我们着急。25 日，我们终于等来了出发的日子。前一天晚上，我既兴奋又紧张，心都快蹦出来了！觉也没睡踏实。25 号晚上大家在机场集合，我们在 26 日凌晨登上了飞机。团里规定上了飞机就必须要睡觉，这是为了保证我们的体力，需要尽快地倒时差。我们到达匈牙利的时间是 26 日早上 5 点半，此时北京已经是中午 11 点多了。匈牙利比北京晚6 个小时，也凉快得多。一到匈牙利我们就立即开始了一天的行程，我印象最深刻的地方是贝多芬的故居和他创作《月光奏鸣曲》的月亮湖。在月亮湖的深处，有一个隐蔽在森林中的露天舞台，我们在大师的雕像前演唱了几首歌，希望他能带给我们好运气。之后我们还去了李斯特音乐学院。布达佩斯街道两旁的建筑古老而美丽。在渔人堡，我们背对着多瑙河歌唱，我开始感受到了用匈牙利语演唱的意义。虽然来到了欧洲，但是我们不是来度假的，我们是来比赛的，我们的排练一天都不能少，杨老师带着我们随时随地地唱，大街上、教堂前、餐厅里都留下了我们的歌声。杨老师这次让我参加少年组和女子组两个队的演出，虽然辛苦但是我非常珍惜这个机会，特别是每次想到杨老师那么大年纪还要为我们两个队排练，我就会忘记所有的疲劳，马上有了一种"我也拼了！"的感觉。两天后我们抵达了比赛所在的城市——德布勒森市。时间过得越来越快，离比赛还有两天，我那种拼了的想法也越来越深，真想一下子拿下两个金奖，少年队一个，女子队一个！这次比赛的规则是先要通过预选赛，然后再进入决赛，如果都能进入决赛就有可能得第一！杨力老师说如果我们连预选赛都没进去的话，就让我们第二天直接飞回北京。我们本来觉得少年队唱得很不好，没信心，很有可能进不了决赛，可谁知比赛结果我们的得分很高，把匈牙利少年队都"盖"过了，进入决赛没什么可说的了。后来我听说我们在舞台上唱，杨老师就在台下时不时地吹音笛，看我们跑没跑调，结果杨老师说我们没有一个音是错的，全都准！我们唱完每一首歌，台下的观众总是特别地欣赏，边点头边鼓掌，我们在台上看了特别高兴！

我们进入决赛喽！同样，女子队也顺利地进入了决赛！这样我们就要继续比赛而不用第二天回北京了，太高兴了！决赛前一天，由于是在早上，所以我们晚上练到很晚，自己练完还要帮着小团员练，就怕她们的音准出现问题而影响了集体的成绩。我们练到困得快睁不开眼睛了才去休息，一觉起来就到了第二天早上，吃了早饭，我们就直接去比赛了。决赛时我们最后一个上场，但是还是很紧张，因为决赛的曲目，杨老师亲自做曲的《引子和Toccata》中有我一个Hi-E的高音领唱，我以前都不知道自己居然能唱那么高。在团里我还是第一次担任领唱，所以特别紧张怕出错。虽然练习的时候没出错但演出的时候要是真出了什么错，哪怕是小错，该吃多少亏呀！比赛开始了，我怀着紧张的心情跟大家一起上了台。天哪！很快就唱到最后一首曲子了，就是那首《引子和Toccata》，我紧张得不得了，看着台下的那些观众呀评委呀，我心里想这可怎么办呀？终于唱到了那个致命的小音了，我一紧张，唱砸了，我当时心里想我们肯定完了，肯定会被大家骂死了！一下台我就伤心地哭，伙伴们都过来安慰我说："我们唱得这么好，肯定会得第一名的，虽然你没唱好，不过也不会影响咱们的成绩的！"杨老师也安慰我说："不要哭，军功章里有你的一半。"但我还是很难过。等到下午3点，我们大家一起去听比赛结果，如果我们真的得了第一，我们就可以光荣地回北京，但是如果我们没能赢得这次决赛，那我们就只能空着手回北京，大家会觉得我们团实力不行，别人会说杨老师的团怎么都赢不了呢！但是我们非常给杨老师争气，真得了第一名！听到比赛结果我们当时高兴得都快哭了。但是女子队没有得第一名，第一名被匈牙利女子队获得了。虽然少年队得了第一，但我们这些跨两个队的团员也跟其他女子队的团员抱在一起痛哭不止。后来的组委会大奖赛上我们又用美妙的歌声征服了现场的观众，那天晚上大家欢呼着、跳跃着，无比高兴。

　　从这次旅行中，我学到了很多东西。杨鸿年老师对我们的爱，对我们的付出是那么的无私。如果没有杨鸿年老师的辅导，没有杨力老师的指挥，没有唐老师的操心，我想我们这次是取得不了这么好的成绩的。杨老师为了这次比赛每天替我们想这个想那个，编谱子、作曲……牺牲了不知多少休息时间。我觉得杨老师太累了，他每天那么长时间不厌其烦地给我们排练，为的就是不让我们从国外灰溜溜地回来，我想我们这次也算是给我们的合唱团争气了！这次虽然是我第一次和团队一起出国，我觉得我的收获真的很大！我希望今后还能有更多的机会再和团员一起出国，为团比赛，为自己比赛！我们每个人作为团里的一颗小小的螺丝钉，我觉得大家都努力了，这才叫真正的努力！我一生都不会忘记这次旅途。这是我的第一次，也是我最难忘的一次！

国际比赛归来2（妈妈的作文）

其实团里没要求我写作文，但是我觉得我应该写，因为这次欧洲之行除了孩子们感受了很多以外，我应该是第二个感受最深的人。于是我也写了一篇，唐老师说也登载在《天籁》上，还说我写得挺感人。

《感动的力量》

有多少年都没有这样紧张、兴奋和感动过了，这个夏天跟合唱团的孩子们一起度过的那些日子，现在回想起来还是那么栩栩如生、历历在目。从 2005 年秋天坐在中山公园音乐堂二楼的角落里，第一次观看合唱团演出，就被杨鸿年老师饱经沧桑却坚定的背影深深打动，到 2006 年开始拍摄合唱团的纪录片，这几年跟着合唱团经历了大大小小的事情虽然也有不少，但是总没有遇到特别令人激动和兴奋的高潮。以至于杨老师告诉我合唱团要去匈牙利参加合唱比赛的时候，准确地说还没有过多的期待，因为我没觉得合唱比赛有那么难。当然能为拍摄纪录片多一份素材毕竟是件好事，所以我还是决定从集训开始到比赛，全程跟随合唱团的行动。7月13

日，北京最热的那个星期，合唱团的集训开始了，从下午3点到晚上9点半，6个半小时，77个孩子，两个队伍。76岁的杨老师像赶场一样这个队排练完骑着自行车再到那个队排练，看惯了拄着拐杖还走不利落的他，如今骑车时的矫健身影着实有点陌生。排练的时候，对少年队，他更多强调的是他们的声音，他着急孩子们最好的声音总是出不来。对女子队他更多的是给她们讲解曲子的创作背景和深层的意义。刚开始排练《巴比伦河》时，他给女子队的孩子们讲这首曲子描写了犹太人被驱赶出家园一边走一边悲诉的情形，他说你们要唱出悲怆才是有感觉。后来在比赛的时候，女子队的这首歌比东道主优秀队伍匈牙利女子队唱得还要棒，观众为她们鼓了长时间的掌。7月23日的出国前彩排演出谁都觉得不满意，谁都担心这样的状态能比赛吗？还差得好远呢。看得出来杨老师比谁都着急，但他控制住自己的情绪，并鼓励孩子们：没关系，我们还有时间。那天他对孩子们说：孩子们，我爱你们。这是几年来我第一次听到他对孩子们说这样的话，从没看他对孩子们发过脾气，但也没见过他说那么温馨的话。我想在那句话的背后，杨老师要鼓励的是孩子们的坚持、毅力和刻苦，他知道这比参加一场比赛更重要。离开北京的时候大人们是带着担心走的，杨老师嘴上不说但是脸上的表情是不轻松的。孩子们看上去倒是个个欢天喜地，欧洲之行对于学习高度紧张的孩子们来说意味非凡，他们太难得有这样放松的时间。提前到达匈牙利后，用两天的时间调整时差和情绪是团里有意为孩子们安排的。那两天，在贝多芬曾经居住过的庄园、月亮湖，在布达佩斯的渔人堡、李斯特音乐学院、巴拉顿湖，孩子们感受到的是欧洲的艺术气息和匈牙利的文化。他们将要用这个国家的语言演唱，所以他们首先要感受他们的文化，这也是杨老师的苦心。在月亮湖的露天舞台、贝多芬的雕像前，在渔人堡的山上，孩子们背靠着多瑙河，把那几首歌唱了又唱，他们在匈牙利人热情的掌声中找到了自信和勇气，慢慢地让自己的情绪进入比赛的状态。

《纳木错》的领唱一直让杨老师放心不下。从布达佩斯前往比赛地德布勒森市的 2 个多小时的车程中，他把几个担任领唱的孩子分别叫到他的座位旁边，一个个地纠正一点点地调整。到达德布勒森市后，排练更是紧锣密鼓，团里租下酒店的会议室当作排练厅，两个队伍安排不开的时候，杨老师带着另一个队伍就在街上的广场上排练。此时孩子们的状态已经一天比一天好了，但毕竟是到了有着悠久合唱历史的国家，看得出来杨老师的担心一刻都没有放松过，他还在强调孩子们的声音质量和音准。无伴奏合唱的难度就是音质和音准，那是决定胜败的关键，两位杨老师的心里比任何人都清楚，但是他们没有过多地给孩子们增加负担，只是要求他们唱到自己的最好状态就行。孩子们每天的排练虽然紧张而单调，但是也过得非常充实。德布勒森市虽然不大，但是直到比赛结束都没有一个人想去走走看看。两个队伍如愿通过预选赛进入决赛的那天下午，杨老师要求孩子们把决赛的曲目再排练一遍以后就让他们早点回去，吃过晚饭后早点睡觉。但是，我还是在几个大孩子的房间看到这样的情景：三个声部大一点的孩子都带着比他们年龄小的孩子练习第二天比赛的曲目。年龄小的孩子主

亲爱的女儿，你是这么长大的　119

动要求和哥哥姐姐一起再练练，就怕自己明天万一出现音准错误而拉集体的后腿。那个场面真的很让人感动，有的同学因为个别同学不认真练习而着急难过得落泪，也有的同学因为自己总是跟别人有差距而躲在一边默默地反复练习。在孩子们的身上我感受到的是集体的力量和团队的精神，温暖的感情在孩子们中间荡漾。

决赛的早上让我感动的是，还有几个小时就要上场了，杨老师对女子队的孩子们说："你们今天要唱两首宗教歌曲，你们没有在宗教环境下长大的经历，有些东西你们也许感受不深，但是只要用心去体会去感受就可以了。"杨老师说这些话的时候，语气平静而意味深长，我觉得孩子们都听进去了。因为那天她们在台上的表现太令人感动了，尤其是那首指定曲目——悲怆的《巴比伦河》，比任何一个队唱得都好，速度、音色、感情，没有一点可以挑剔的地方。下台后孩子们告诉我她们看到杨力老师也被感动得闭上了眼睛，眼角有闪亮的东西差点掉下来。那天的比赛现场有谁没有被她们感动呢？我相信如果评委们了解这些孩子其实受宗教的影响并不深，她们的日常生活中甚至没有宗教的话，也许就不会给她们第二名了。那首歌唱到现场每一个人的心里了。

此次欧洲之行对孩子们来说是一次历练，他们在这当中感受到的是集体的力量、团队的精神和朋友间的友爱。现在的孩子还能有这样一个集体，有这样一些以歌唱为兴趣的伙伴是多么的可贵和令人羡慕。我希望能离这个集体近点再近点，成为他们中的一员，记录他们的活动，跟他们一起激动、兴奋和感动，全身心地感受这个大家庭的温暖，在他们美妙的歌声中纯净自己的心灵。谢谢孩子们。

为女儿做的日常早餐

亲爱的女儿，你是这么长大的 123

为女儿做的日常早餐

亲爱的女儿，你是这么长大的 125

"一生悬命"和"披荆斩棘"

被要求写一写关于"家教"。说到这个话题的时候，我想到了一个日语成语"一生悬命"，和一个中文成语"披荆斩棘"。因为在女儿去国外读书之前的18年里，我们的日常生活充满了这两个词所表达的意味。我一直跟身边的朋友说我基本上是像动物一样靠着本能在养育我的女儿，冷了用羽翼包裹她，饿了四处觅食来喂她。但是我不会过多地"加工"她，比如，18年里我们从没给她报过任何课外补习班。不过，她倒是在合唱团度过了快乐的10年，还在一个好朋友的"画家姥姥"家度过了无数个充实的周末。

如果说对于养育孩子还有一点心得可以分享的话，那就是，作为给了她（他）们生命的父母来说，我们是否真正了解自己的孩子，是否真正了解我们自己呢？我们自己不想干的、不擅长的事，又何必非要让自己的孩子去干呢？我们像他们这么大的时候在干什么，还不是天天疯跑傻玩儿，生活充满各种欢歌笑语。为什么他们就一定要上各种补习班呢？人生哪有起跑线啊？难道不是我们给他们划的？发现孩子的特长和喜好，然后帮他

126

们放大到最大，最终让它成为孩子的本领。即使不能成为终生的职业，至少也能成为终生的爱好吧。我觉得这才是作为父母应该为孩子做的。

从小就喜欢唱歌的女儿在著名指挥家杨鸿年老师创办的"中国交响乐团少年及女子合唱团"的十年间，从音乐启蒙、视唱练耳到作为一名团员正式登台演出，去国外比赛，参加北京奥运会开幕式表演。这些丰富多彩的经历让我这个活了50多岁的大人都羡慕不已，她比我见过的世面多得多。在这当中，她学会了如何跟朋友们相处，如何找到自己在一个集体中的位置。因为杨鸿年老师总在跟孩子们说，合唱突出的是集体的和声而不是你个人的声音，你要循着旁边的人的声音找自己的，不能"冒"。

跟着画家姥姥（好朋友的妈妈）边画画边聊天度过的无数个周末，不仅是对色彩和构图的学习，姥姥给她讲述的人生故事不就是最好的调色板吗？合唱团的经历培养了她热爱唱歌的兴趣和对音乐的审美，跟姥姥一起画画的经历成就了她的"饭碗"。有这么美好的两件事伴随她的人生，想想都为她高兴。

在我们家，但凡没到忍无可忍的地步，我们都不会对女儿说"不"。不好吃、不好看、不行……任何的"不"都很少说。很多事物没有绝对的正确与错误，过程和经历都是财富。第一次做的饭难吃又怎么了，还会有下一次呀。第一张画画得难看怎么了，第二张一定会画好的。考试不及格怎么了，还能永远不及格吗？

我经常反省自己是不是没有好好地待她。每次批评完她我自己就很后悔，在心里狂扇自己大嘴巴。我把对于缺点和不足的定位放得很高，一般情况下我女儿都达不到，所以我很少批评她，在我眼里她身上都是优点。我用这样的心态跟她相处，彼此就会无话不聊。因为我天性好奇，不想放过她所有的成长过程，事无巨细都想跟她分享。我们经常会在凌晨她方便的时候通一两个小时的电话，我隔着海跟着她一起"在美国读了四年书"，认识了她的老师们和同学们，实时地了解了她生活的布鲁克林的四季和有机市集上蔬菜、面包价格的涨落，犄角旮旯的咖啡馆和餐厅的更迭变化。而这一切我

Yuna的插画作品

亲爱的女儿，你是这么长大的 **129**

都很享受。

在养育孩子这件事上，我们夫妇有一个毫无争议的共识，那就是要把孩子养育成一个"素直"的人。素直这个词又是从日语来的，意思是"率真的、诚实的、善良的"。

"素直"其实是一种性格，要想培养这种性格，就需要给孩子时间和机会，因为首先要让他们去面对这个世界，没有经历怎么能有成长呢？父母能做的就是为他们创造一个广而浅的像游泳池一样的环境，让他们在这样的池子里"蹦跶"一通之后，找到属于自己的窄而深的领域，而这个窄而深的领域可能就是非他莫属的"强项"。

有句老话叫"从小看大"，就是用来形容孩子的吧？好的、坏的都可以"从小看大"，父母做对了，孩子将来就会有好的"大"。所以还是先检查一下我们作为家长自己的"三观"，然后再去要求我们的孩子吧。

2019年春天，我们夫妇去纽约参加女儿的毕业典礼。看着穿着毕业袍、戴着银丝带，走上舞台从校长手中接过毕业证书的她，我感动得热泪盈眶，同时也有一点点的自豪，感觉到我们的"一生悬命"和"披荆斩棘"似乎在她身上起到了些微的作用。

为女儿做的日常早餐

亲爱的女儿，你是这么长大的 133

还是要好好吃早餐

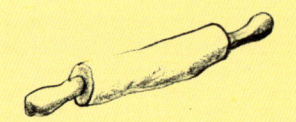

做饭和吃饭是
家人之间最好的交流

对于我做的早饭，女儿基本上都是喜欢的，因为我很少重复，一周七天至少要换五个花样。但是，面条、馄饨这类汤汤水水的她还是比较喜欢吃的，可能是一睁眼还没有什么胃口，就想吃点汤水类的。

在营养搭配上我主要考虑每餐既要有碳水化合物，又不能少了蔬菜、水果这些纤维和维生素，还要有牛奶、鸡蛋这样的蛋白质。

几乎不间断地给女儿做了七年早餐，最大的感受就是，我一想到自己精心做出来的这些好吃的能让我的女儿茁壮成长，能让她高兴，看着她一口口地吃下它们我就很开心。每天早上最享受的事就是看着她吃饭。所以我觉得，做饭和吃饭是家人之间最好的交流。

Yuna的插画作品

还是要好好吃早餐 **137**

中西式和日式的早餐

我们家的餐食习惯因为要将就孩子、外籍人员以及我的中国胃，所以在早餐和晚餐的食物类型考虑上，会时而中餐、时而日餐、时而西餐。

早餐做得比较多的还是面条类。因为早晨刚起床一般都没什么胃口，所以面条尤其是汤面，是最容易入口的食物，特别是在冬天的早晨，一碗放了白胡椒粉的汤面下肚，感觉这一天都是暖和的。汤面上放的浇头可以每次多做一些，存放在冰箱里（具体做法在后面的食谱里会有介绍）。

以面包为主体的西式早餐，要搭配的就是蔬菜和饮品。对于可以生吃的蔬菜，我经常会用番茄和牛油果、洋葱和土豆，以及金枪鱼罐头等食材来做沙拉。早晨喝水是我们家一直以来坚持的习惯，无论吃什么，早晨的一杯水都很重要。制作西式早餐时，我通常会搭配自己磨的豆浆、牛奶、蜂蜜水，或者蔬菜汤。

有米饭的早餐基本上是按照日本人的早餐习惯来准备的。我会自己做一些简单的"一夜干"的秋刀鱼、青花鱼（把鱼用盐腌个把小时后，放到屋外通风的地方静置几个小时，待水分蒸发到表面微干，所谓的"一夜干"就做好了）。腌制三文鱼也许更简单（此做法在后面的食谱里也会介绍）。

日式早餐里有米饭就要有味噌汤，再加上一块烤鱼、一个煎蛋，就是一餐"半标准"的日式早餐了。那不吃蔬菜了吗？蔬菜必须有啊！它们会出现在味噌汤里，我一般会在味噌汤里放豆腐以及4~5种蔬菜，蔬菜随季节而变换，经常放的是洋葱、茄子、土豆、圆白菜。

剩饭和杂粮也能成为很好的早餐

有的剩饭，比如饺子、包子、馅饼之类，说是剩饭，但其实把饺子用油煎一下，包子上锅蒸一下，馅饼放在平底锅上热一下，跟新做的也没有什么差别。只要熬一锅舒服的粥，烧一碗滋润的汤，也是一顿很好的早餐。我一般都用杂粮熬粥，因为现在的孩子们吃到杂粮的机会越来越少了，不像我们这些出生在20世纪60年代的人，小的时候几乎什么杂粮都吃过。因为那时大米白面都定量供应，所以像高粱米、玉米面、棒子碴、莜麦、荞麦等都吃过见过。所以为了培养孩子结实的肠胃，也为了孩子长大以后不会把小麦当成韭菜而露怯，我们家什么杂粮都有，种类甚至比我小时候还丰富。一个大抽屉里装着小米、荞麦面、高粱米、红米、黑米、薏米、棒子碴；另一个抽屉里装着黄豆、红小豆、绿豆、青豆、黑豆、大芸豆、鹰嘴豆、干蚕豆。这些米呀豆啊各抓一点洗干净，在前一晚放进电饭煲，预约好时间，第二天早晨起床后，香气喷喷的五谷杂粮粥就出锅了。

偶尔也会带着便当去上学

还是要好好吃早餐　141

典型的日式早餐：米饭，芥兰酱汤，秋葵油菜拌鲜腐竹，清炒豌豆，烤盐渍青花鱼，黄豆雪里蕻，南瓜沙拉。

西式早餐：一片自烤的酸奶葡萄干核桃全麦面包，番茄牛油果水牛奶酪沙拉，溏心鸡蛋，南瓜大米粥。

吃得比较多的还是面条：番茄鸡蛋面、阳春面等。炒好各种臊子备用。

煎饺子，小米粥，溏心鸡蛋，金枪鱼沙拉，牛油果。即使是剩饭也不能凑合。

小块的发面饼，白菜豆腐汤，三款自己腌制的小菜，一杯蜂蜜水。

某次感冒时的早餐，一瓶双黄连口服液为证。红枣红豆绿豆大米粥，自烤的酸奶葡萄干核桃全麦面包，土豆沙拉，煎

蛋和香肠，酸奶。这些未必都能吃得下，感冒的时候肯定想吃流食，但是女儿从小生病时都不会影响食欲，我就这样把她喜欢吃的食物都摆好，她喜欢吃哪样就吃哪样。

冰箱冷冻室里备点割包，像这样煎个鸡蛋铺一片火腿，再夹一片生菜，就是一个很好吃的割包汉堡。配汤、牛奶均可。

关于"朝活"

几年前在日本曾流行过一个词，叫"朝活"。"朝"是早晨的意思，"活"是活动、行动的意思，"朝活"也就是"早晨的活动"，讲的是人们如何利用早晨出门去上班、上学之前的时间进行一些有意思的活动，比如，有人选择运动，有人选择学习，并且，"朝活"还关系到工作的成败和自身的健康。

我想说的朝活主题便是早餐。有一段时间，日本的杂志、电视等媒体的健康栏目中很多都在讲早餐的重要性。一开始我还以为是哪个食品品牌要推广他们的早餐产品而特别制作的，看了一段时间后才发现，不吃早餐正在成为日本人的一个现代病，并诱发出很多不良的结果，所以媒体才开始大力宣传吃早餐的重要性。印象比较深的是：早餐不仅仅能果腹，它更多的作用是提升我们的体温和血糖值，以确保我们能够很好地进入工作和学习的状态。还有，吃与不吃早餐会影响一个人一天心情的好坏。

有一家日本杂志还曾经做过一个叫《早晨的30分钟能让你的大脑变得更好》的专题。为了这个专题，杂志编辑们在一个知名的私塾学堂里，对在那里学习的最优秀的100个孩子做了一个关于"学历、能力与生活习惯关系"的跟踪调查，从他们起床后的生活开始记录。参加审核的专家包括运动教练（负责观察生活习惯以及餐食标准）、大学教授（负责观察家庭成员之间在餐桌上的沟通交流），这个调查可以说是全方位无死角的。调查的结果显示，凡是早餐吃得丰富的孩子在学习上、与人沟通等社会关系的处理上都是表现优秀的。他们的妈妈们无一不在认真努力地制作每一顿完美的早餐。与此同时，也让很多早餐只给孩子吃一个饭团、一碗简单的冲泡汤，或者一个面包、一杯牛奶的妈妈们认识到了差距。

为女儿做的日常早餐

还是要好好吃早餐　149

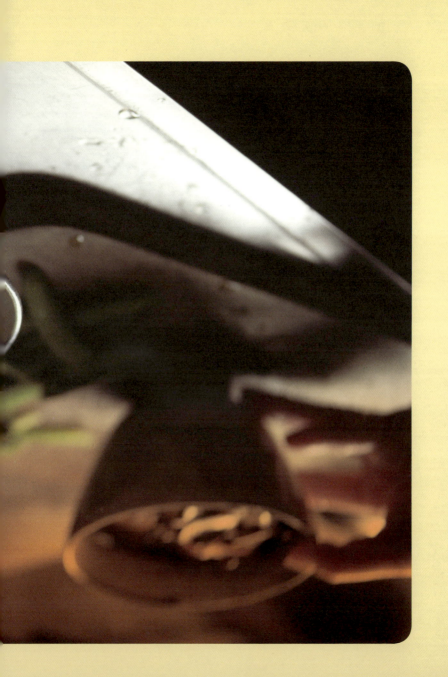

几款便于操作的早餐食谱

我在给女儿做的上千款早餐中挑选了几款便于操作且营养丰富的餐食推荐给大家。遗憾的是，我做饭没有用量的讲究，都是随心所欲，完全凭借着感觉增减。因此我做饭时，调味的比重变化并不是很大，所以你学做的时候应该不会失败。

葱油丁香鱼

将香葱切碎。锅热后倒入食用油，放入香葱碎煸香，再放入丁香鱼（也可以用虾皮或肉末替代），炒出香味后加入生抽，小火至滚开即可。将这道小食放入碗或罐子中，放入冰箱保存。煮面、煮馄饨或泡饭时都可以放。喜欢甜口的可以少放些糖，还可以放些醋。它是一种简单好吃的调味酱。

葱油丁香鱼 + 面

几款便于操作的早餐食谱 153

牛油果丁香鱼盖饭

这款盖饭太好做了。

将大米淘洗好后放入电饭煲，在前一天晚上设定好时间，第二天早上香喷喷的白米饭就出锅了。将白米饭放入碗中，在上面一边码放牛油果，一边码放丁香鱼（丁香鱼可网购）。如果丁香鱼质地有些干，可以用温开水稍浸泡一下再用，然后倒上一点酱油就可以了。

如果有时间可以再做一道汤，搭配吃就更完美了。

味噌汤

味噌，也就是大豆酱，这种发酵食品是很好的东西。听说常吃发酵食品会让肠胃菌群健康，身体就会很好；还有资料说，人体内肠胃菌群的健康与否也是决定人体免疫力的重要因素。无论如何，放了很多蔬菜的一碗味噌汤还是很值得推荐的。

用一块昆布（海带）先吊汤。前一天晚上浸泡，第二天鲜味很容易就煮出来了。放入汤中的配菜可以任意搭配和发挥，比如：豆腐、白菜、白萝卜、小葱、洋葱、土豆、胡萝卜、茄子、豆角、圆白菜、菌菇类……任意且无限。讲究养生的人可以结合时令自行调理。我是手边有什么菜就放什么，酱的多少也可以随口味进行增减。

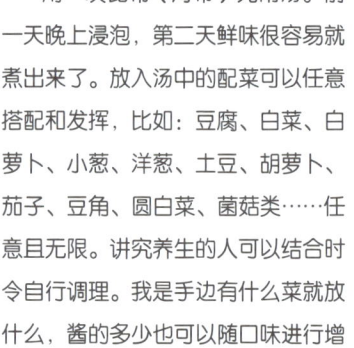

梅干紫菜酱

这也是一款用途广泛的酱料。

梅干在日料店或大型超市、网店都可以买到。它其实就是一种腌梅子，味道又咸又酸。我在日本生活了那么多年还是吃不惯。但是日本人吃早餐时喜欢就着梅干吃白米饭，据说日本老年人中血管硬化的人数很少，就跟常吃梅干有关。虽然我不喜欢吃梅干，但是我常利用梅干做菜，如红烧肉、炖排骨、烧鱼时放入梅干都会很好吃。

将梅干、紫菜，清水、酱油这四样放在一起熬，熬好后就是梅干紫菜酱。水不要放太多，因为有酱油，但是如果一点都不放的话味道会很咸。喜欢偏甜口的还可以放点糖。这道酱也是做好后放入冰箱保存，保存时间可以更长。吃时撒在粥上、米饭上，抹馒头、面包都可以。

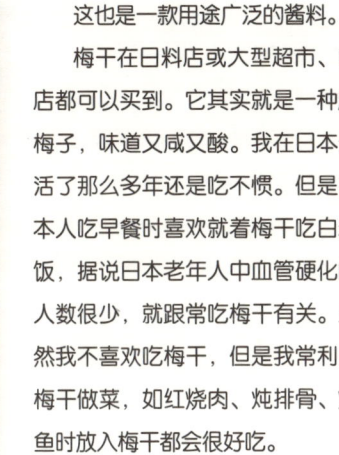

吃白米饭搭配梅干海苔酱时，可以切一些生的秋葵片搭配吃。秋葵生吃口感清脆香甜，无需煮熟。

几款便于操作的早餐食谱 **157**

杂菌酱

　　这是一款用途广泛且制作便利的酱料。将各种菌菇洗净，体积大的切小块，长的切段。各种菌菇都可以混合在一起炒，都很好吃。热锅起油后放入万能的调味料——大蒜片炒香，然后放入杂菌翻炒。不用加水，因为菌菇自己会出水。待菌菇出水且煮软后放入酱油。因为做的是酱料，所以要多放酱油，再稍熬一会儿就可以了。放凉后装入瓶中，放入冰箱保存一周都没问题。用它煮面、拌饭、做饭团、烧豆腐，简直百搭。

杂菌酱 + 面

几款便于操作的早餐食谱 159

杂菌酱饭团

饭团

饭团的制作很随意。将白米饭蒸好，放入饭团的馅料可以是木鱼花+酱油搅拌后的鲜咸，也可以是猪肉辣白菜炒出来的辣香，当然放入肉松也是可以的。如果不想把馅料放在饭团的中间，那么也可以跟米饭搅拌在一起，然后用手攥成三角形，再用干紫菜包好就行了。如果攥不成三角形，攥成圆形的也无妨。用干紫菜包起来是因为第一紫菜很有营养，第二万一起晚了，带在路上吃也很方便。

某次去山里野餐时的便当

三明治

将泉水浸的金枪鱼罐头开罐控水，鸡蛋煮至全熟，准备好蛋黄酱和洋葱。洋葱洗净切丝，用清水浸泡10分钟，这是为了去除洋葱的特殊味道，不在意的也可以不泡。一款是将洋葱丝攥水后切末，与金枪鱼、薄黄瓜片、蛋黄酱、黑胡椒粉一起搅拌均匀就可以了。另一款是将鸡蛋剥皮，切碎，也跟蛋黄酱搅拌均匀。蛋黄酱本身有咸味，如果觉得口味淡，可以加点盐。将吐司轻轻烤好，在上边铺一层生菜，没有也无妨。然后抹一层金枪鱼酱，在上边再放一片吐司，抹上鸡蛋酱，这样摞起来就是三明治了。为了便于食用，可切成两半或四半。吃的时候大人可以配咖啡，孩子可以搭配牛奶、酸奶、豆浆。

几款便于操作的早餐食谱 163

自制番茄酱

依然是操作简单的一款常备酱料。最好用甜香的圣女果或小番茄，当然普通的番茄也可以，但要挑选熟透的。将小番茄切半，普通番茄用手掰成小块（不切的原因是可保留下宝贵的汤汁）。大蒜拍碎切末，多一些为好。锅热后放入橄榄油、大蒜末，也可放入一个干辣椒。将佐料炒香后放入番茄块，中火煸炒，不用盖盖子，炒出很多汤汁后继续用中小火慢熬，直到收缩成一半的量，没那么多水分了就差不多了。最后加入盐和黑胡椒粉调味。因为是酱料，所以可以多放一点盐以便于保存。

我常用它做番茄意面、小面、比萨、烤鱼蘸酱、炖豆腐……随意组合。

几款便于操作的早餐食谱 165

吐司比萨

　　孩子们都喜欢吃比萨，但是做比萨需要发面、醒面、擀面、铺料、烘烤，一来二去没几个小时是吃不上的。于是我"胡编"了这款吐司比萨。在现成的吐司上涂抹上自己熬制的番茄酱，撒上火腿丝和奶酪，放进烤箱稍烤至奶酪融化就完成了。搭配上一杯牛奶就是一顿很好吃的早餐，而且百试不爽，深受欢迎。

几款便于操作的早餐食谱 **167**

腌制三文鱼

这几年，海鱼里吃得最多的应该就是三文鱼吧，这种鱼口感上个性不强，配芥末生吃或腌制后煎烤，反正怎么吃都行。我常做的就是将鱼腌好后，或煎或烤。方法很简单：鲜柠檬挤汁（柠檬酸能让鱼的肉质变软）、橄榄油、生抽、洋葱碎、鲣鱼花（没有也无妨）。将这些材料混合后调成腌料。三文鱼选中断鱼身，切段，两面腌制数小时后在平底锅上两面煎熟就可以了。不只是三文鱼，其他鱼也可以这样做。早饭吃的话，可在前一晚腌好。

吃的时候，做一道豆腐蔬菜汤，再搭配一些新鲜的生菜就可以了。

几款便于操作的早餐食谱 169

萝卜泥鸡蛋饼

即便是早上没食欲的时候也不会讨厌的一款很温柔的软饼。

萝卜擦泥，香葱切碎，鸡蛋打散，还可以放入一些小虾皮、小鱼干。将上述材料放入碗中，加入面粉，再加入适当的水调成糊状，放在平底锅上摊烙，很快就熟了。

如果来得及，还可以提前熬一点小米粥，搭配吃舒服且养胃。

几款便于操作的早餐食谱 **171**

烫面素菜馅饼

烫面是为了食用时口感更软。如果用冷水和面需要醒面的时间，如果是烫面的话醒面这一步骤就可以省了。烫面是用70℃~80℃左右的热水和面。因为是早餐，所以馅料最好是素的，不给肠胃增加负担。胡萝卜、小青菜、木耳、炒鸡蛋、豆腐，随意搭配。调味只需要盐和芝麻油就可以了。吃的时候可以搭配粥、汤或者鸡蛋羹。

几款便于操作的早餐食谱 173

后记

　　《女儿的早餐》是四年前女儿 18 岁生日时我为她整理制作的私家小书。后来我把书送给了不少看着女儿长大的叔叔阿姨、哥哥姐姐。这些朋友鼓励我说应该正式出版。以下的文字是四年前制作小书时所写的后记。

　　《女儿的早餐》缘自我家的两只小狗。

　　2008 年，女儿 11 岁的生日礼物，我们满足了她想要一只狗狗的愿望，于是第一年 Pon 来了，第二年 Gin 又来了。它们的到来让家里原本的生活发生了一些小小的变化。早晨的时间变得异常紧张，狗要遛，女儿的早餐也得有人做，于是我认领了做早餐的工作。

　　做一份专属于她的早餐，然后拍下一张照片。7年下来竟然有千张之多。摆在一起看，真丰富。

　　还有，这本书的整理是一个美好的回忆过程。

　　值得庆幸的是，女儿出生之后的这18年，也正是中国发展变化最快的18年，我们跟国家一起同呼吸、共命

pon和gin

运，女儿随着时代发展吐露芳华。这个过程多么美好。

再过几个月，女儿就要像鸟儿一样远走高飞他乡异国了。

时间是回不去的，历史也是不能重新谱写的……所有的遗憾和不尽也只能随它去了。

在养育她的这 18 年时间里，我们用自己的身心，付出了一双普通的父母对自己孩子最大的，也是最朴素、最本能，以及最毫无保留的爱。

前些日子，学校要求家长为毕业生在《Year Book》上题词，我为女儿写下了这样的话：

"亲爱的宝贝儿，你哭哭啼啼、一步三回头地走进幼儿园的场景仿佛还在昨天，而今天你就要高中毕业了。时间过得太快了。知道吗？因为你的到来，我们的每一天都是那么幸福、快乐、充实和温暖。感谢你让我们今生拥有了最大的成就和骄傲。我们曾经发誓要让你成为世界上最快乐、最幸福的孩子，你觉得我们做到了吗？祝贺你高中毕业！同时，一个充满了冒险、好奇和惊喜的新世界也正在向你张开双臂。爸爸妈妈希望你继续快乐地成长，不着急地寻找自己的梦想，好好地享受每一天的阳光。"

虽然女儿的早餐要告一段落了。但是我觉得，这垫底儿的一餐餐的营养会一直滋润着她吧。

女儿是今生最大的成就和骄傲

后记 177

为此次出版而写的追记

一晃四年过去了。女儿已经大学毕业并开始了新的生活，继续着自己喜欢的插画"事业"。远在海外的她常常自己下厨，学着做那些我曾经给她做过的饭菜。上周她告诉我她做了我们家常吃的加了甜玉米的平底锅煎汉堡。

关于做饭，我跟女儿共同的观点都是"做饭是最能让自己放松的行为"。我很欣慰她也喜欢做饭，并以此为乐。

感谢在这本书的出版过程中，策划编辑白兰所给予我的建议和鼓励。如果没有她的努力，可能也不会有这本私家小书的公开出版。

感谢苏暖在照顾小枣的百忙中帮我拍下了精美的图片，这些图片让书看起来更加体面。同时，从她身上我看到了一个为了让孩子吃好，从一个根本不会做饭的人生生地把自己练就成为做宝宝饭的达人，才3岁的小枣已经是一个很会吃的小小美食家了，这是多么了不起的母爱。所以说，哪有付出和坚持的不是呢?

感恩所有的相遇，感谢所有的经历。

英珂

未经许可，不得以任何方式复制或抄袭本书之部分或全部内容。

版权所有，侵权必究。

图书在版编目（CIP）数据

女儿的早餐 / 英珂著；苏暖摄；Yuna绘. — 北京：电子工业出版社，2019.9

ISBN 978-7-121-37285-8

Ⅰ.①女… Ⅱ.①英… ②苏… ③Y… Ⅲ.①食谱Ⅳ.①TS972.12

中国版本图书馆CIP数据核字(2019)第179381号

策划编辑：白　兰

责任编辑：张瑞喜

印　　刷：中国电影出版社印刷厂

装　　订：中国电影出版社印刷厂

出版发行：电子工业出版社

　　　　　北京市海淀区万寿路173信箱　　邮编：100036

开　　本：889×1194　1/32　印张：5.75　　字数：149千字

版　　次：2019年9月第1版

印　　次：2020年1月第2次印刷

定　　价：35.00元

凡所购买电子工业出版社图书有缺损问题，请向购买书店调换。若书店售缺，请与本社发行部联系，联系及邮购电话：(010) 88254888，88258888。

质量投诉请发邮件至zlts@phei.com.cn，盗版侵权举报请发邮件至dbqq@phei.com.cn。

本书咨询联系方式：bailan@phei.com.cn，(010) 68250802。